传奇夫人

杰出女性启迪者

明一梦◎著

中国财富出版社

图书在版编目（CIP）数据

传奇夫人：杰出女性启迪者 / 明一梦著. —北京：中国财富出版社，2018.3

ISBN 978-7-5047-6626-7

Ⅰ.①传… Ⅱ.①明… Ⅲ.①女性 – 人生哲学 – 通俗读物 Ⅳ.①B821-49

中国版本图书馆CIP数据核字（2018）第066435号

策划编辑 刘 晗		**责任编辑** 张冬梅 郑晓雯			
责任印制 石 雷		**责任校对** 孙会香 张营营		**责任发行** 董 倩	

出版发行	中国财富出版社			
社 址	北京市丰台区南四环西路 188 号 5 区 20 楼		**邮政编码**	100070
电 话	010 - 52227588 转 2048/2028（发行部）		010 - 52227588 转 321（总编室）	
	010 - 68589540（读者服务部）		010 - 52227588 转 305（质检部）	
网 址	http://www.cfpress.com.cn			
经 销	新华书店			
印 刷	北京楠萍印刷有限公司			
书 号	ISBN 978 - 7 - 5047 - 6626 - 7/B · 0537			
开 本	710mm×1000mm 1/16		**版 次**	2018 年 6 月第 1 版
印 张	18.5		**印 次**	2018 年 6 月第 1 次印刷
字 数	321 千字		**定 价**	68.00 元

梦想让你与众不同，行动让你改变命运！
谨以此书献给所有渴望绽放的生命！

写在前面

有人说，

女人从出生到18岁，需要好的家庭与回忆，

18岁到35岁，需要好的容颜与身体，

35岁到55岁，需要好的个性，

55岁以后，需要好的时光。

殊不知，"好的××"确实是个好东西，

但是生活的琐碎和压力，让很多女人觉得与其无缘无分。

杰出女性会告诉你，

人生不是天生，

每一个女人都值得拥有这样的好，每一个女人都应该传奇一生。

她，一个出生于穷苦农家的弱女子，

孩提之时，便饱尝社会冷暖，立志改变家族的命运；

桃李年华，奋战房地产，收获人生第一桶金；

摽梅之年，学习了100多位国内外著名导师的高端灵魂课程，站上世界舞台。

今天，
她是已婚女性大赛——Mrs.Legend世界传奇夫人大赛的开创者与传播者，
她是已婚女性的杰出榜样，
她是冼夫人（被周恩来总理盛赞为"中国巾帼英雄第一人"）全球形象大使，
她是挖掘女性价值的楷模！

这是传奇夫人明一梦的故事，
也可以是你的故事！

也许你已经错过了18岁之前的好，但是你依然可以给予孩子这样的好；
也许岁月平添了你许多皱纹，但是你依然可以在舞台上自信闪耀；
也许琐碎的生活早已磨掉你的好脾气，但是你依然可以重拾优雅与从容；
也许人世的沧桑早已消耗了你的梦想和勇气，但你依然可以前行，让自己拥抱世界。

梦想与你只有一步之遥，只要你肯向前踏出这一步；
传奇与你本不陌生，只要你敢于尝试！

序言
闪耀一刻，照耀一生

婚后曾有一段时间，我非常不开心，觉得自己一无是处，因为跟想象中的"我"比起来，自己实在太平凡、太普通了。

我很生气，生气自己怎么会这样！

这个发现也让我觉得很残酷，从小我就好强，由于家里比较穷苦，受尽了欺凌，小小年纪我便立志要改变家族命运，可是偶然停下脚步，我发现除了生活条件变好一些外，我似乎什么都没有改变。

但是这个世界也不乏奋起直追、笨鸟先飞、大器晚成者。东汉的班昭，其兄班固著《汉书》，未竟而卒，班昭续写《汉书》；英国有过祖母级的创业者，开的是百货连锁公司……

我不知道她们小的时候是如何看待自己和世界的，至少，后来她们知道了平凡的自己可以通过努力来改变，并做一些不平凡的事情。

于是我开始疯狂地学习，并参加了一个世界著名已婚女性赛事。我没想到这会是自己人生的一个重大转折点。这个赛事猛然间将我推向了世界舞台，我生平第一次以中国女性的角色站在了世界面前。这样的高度，让我心里微微有些惶恐，也让我生出了诸多的思考：

人生最大的问题就是人的问题：对自己了解不够，对别人了解不够，对别人充满抱怨，对自己不再有信心！

每一个女人都曾是青春少女，有过幻想，有过憧憬，有过期望。但因各种因素，没能实现最初的梦想。虽然春华已逝，或早已为人母，但她们从未放弃过心中的梦想，依然保留着心底的那份坚持与渴望。也许应该为爱发声，让世界看到中国女性对美的诠释，让自己成为传奇！

传承和女人有关，因为她的身后是一个孩子，一个家族，甚至一份事业。一个孩子关乎着未来，一个家族关乎着社会的安定，一份事业关乎着经济的兴衰。

其实，每一个女人都有舞台梦、魅力梦、健康梦、家族梦、幸福梦，何不让自己成为一个传奇女人，脱胎换骨般彻底改变？

......

也许这样的思考很凌乱，但是却让我感悟到了自己后半生的价值和使命——创办"传奇夫人"，成就天下女性顺便成就自己，让每一个女人自信、优雅、智慧，拥有幸福；让每一个女人熠熠生光，自成传奇；让每一位女性的价值、能量，助力中国梦、世界梦的实现！而这也成为今天"传奇夫人"的宗旨和使命。

现在"传奇夫人"已经是全国妇联支持的、全球已婚女性大赛的知名品牌，在英国、美国、加拿大、法国、马来西亚、巴西、新加坡、澳大利亚等国家均得到了高度关注与认可。

这里有著名的模特导师、世界冠军导师、女性灵魂魅力导师、演讲导师、优雅仪态导师、礼仪导师、色彩服装导师、亲子教育专家等对各位选手进行重塑，上百万名已婚女性已通过"传奇夫人"这个舞台全方位地提升自己的形体仪态、气质涵养，从而自信地在众人面前展现自己的才情，演绎自己的梦想；以世界的眼光打造自己的魅力与胸怀、气场与能量，实现人生境界的升华，成为更具社会责任感的女性楷模。

当然不少人也很想把握这样的一个成长机会，但是真到要去实践的那一刻便开始给自己找种种理由，让自己一直处于矛盾之中：

"我考虑考虑"——错！

左思右想，循环反复，最终不能决定；犹犹豫豫，耽误了很多时间，最终一无所获。

"我没有资本"——错！

"传奇夫人"不是选美，而是帮助每一个女性挖掘自身价值。任何一个女人都具有温柔、善良、坚韧等美好的品质，都是历经生活千锤百炼的生活能手，只要敢于发现、肯定、展现自己的闪光点，都可以成就一段传奇。

"我没有高度"——错！

当你勤俭持家的那一刻就是在为社会做贡献，当你职场拼杀的时候就是在为经济做贡献，当你养育孩子的那一刻就是在为祖国的未来做贡献……你的起点其实已经很高，只是缺乏一个这样的认识。

"我没有能力"——错！

有谁一出生就有能力？一毕业就是社会精英？一创业就马上成功？能力是努力修来的，是给自己机会锻炼来的。

"我没有口才"——错！

没有人天生就会说话，台上的演讲大师也不是一下子就能出口成章，那是他们背后演练了无数次的结果！倘若你付出努力练习，你今天是否还说自己没口才？

"我没有时间"——错！

你嘴上说着没时间，却有时间追剧、看八卦、玩游戏……时间很多，但浪费的也很多！更何况这样的成长并不需要你花费太多的时间，反而会让你今后的每一分每一秒过得更加有意义！

"我没有兴趣"——错！

兴趣除了"天生"之外，更是可以培养的。而对成长有兴趣，绝对是你这一生最珍贵的兴趣。

　　夫人强则下一代强，下一代强则国强，国强则世界强！一个女人活着不能只有眼前的柴米油盐，眼中更要有自己有世界，努力活成孩子的榜样、丈夫的骄傲、家族的荣耀、社会的楷模——这才是女人应有的不凡姿态，这才不枉为女人的一生！

　　启迪女性，传奇未来！我相信，"传奇夫人"有您的参与定会更加传奇！

目录
CONTENTS

 自信闪耀篇

成就荣耀篇

惠泽照耀篇

自信闪耀篇

不要仰望别人

自己亦是风景

着一个得体妆容

修一身优雅体态

练一副魅力口才

……

华灯下纯真自然地绽放

自信演绎女人一生的风采

闪耀的女人

自信每一个角度

——明一梦

第一章

自信就是美

　　人生不是天生，每个人的人生都是一场不断前行的历程，每一季岁月的花开花落，都可以在我们的生命中，造就一份自信，坚固一份信念，从而让年华丰盈动人；每一段时光的流逝，也都会载着我们走过命运的山高水长，摇落一世的尘世繁杂，获得一份闪耀和幸福。

1. 命运从决定改变的那一刻开始改变

我们先来思考几个问题：

你对自己的现状满意吗？
你想改变自己的命运吗？
你认为你能改变自己的命运吗？
你下定决心要改变了吗？

世界潜能激励大师安东尼·罗宾曾说过："我不会花一秒钟去改变任何一个人，除非他自己一定要改变。"

很多人不改变，并为自己找种种借口，没有条件，没有机遇，没有能力……其实你真正缺乏的就三个字——做决定！

她是一个出生于穷苦农家的小女孩，如果没有小时候的那个决定，生长于被嘲笑被欺压环境下的她，也许就不能于二十多年后站上国际舞台，更不可能挥舞着五星红旗和世界最为优秀的夫人们同台竞技。

是的，她有点不幸，不仅家里穷，还很遗憾她的母亲生的都是女孩。这在 20世纪 80 年代重男轻女且对生男生女知识缺乏科学认知的农村，无疑是"致命的打击"，人人都可以为此而轻视她的母亲和她的姊妹。

于是，她便成了被嘲笑和欺负的对象：幼儿园小朋友如果谁丢了东西，往往第一个怀疑的就是她，每次都要经过老师一番查证才能被"洗清嫌疑"；她自己的好东西会被平白无故地抢走，因为"不配"拥有；甚至走在马路上都会被人不明不白地打骂……

也许以我们今天的眼光来看，一个孩子成长在这样的环境下，必然会自卑和懦弱。但这个小女孩不是，她的骨子里有一种与生俱来的倔强，她认为，哪怕自己力量再弱小，该反抗的时候也得反抗，也曾因此付出过惨痛的代价。至今，有一件事情让她回想起来还记忆犹新，也彻底改变了她。

那时候，农村家家养猪，割猪草便成了很多孩子的日常任务之一。

这一天，这个女孩穿着一件的确良布做的新衣服去自家地里割猪草，当她赶到地里时，已经有两个三十岁左右的女人在那里割猪草。

每个孩子都有捍卫自己东西的天性，小女孩也不例外。她勇敢地冲了过去想要阻止那两个女人，可是她们又怎么会把她这样的一个小女孩放在眼里，依旧我行我素。不得已的情况下，小女孩只好挡在她们面前，这种做法终于惹恼了那两个女人，其中一个女人突然挥起镰刀朝她砍了过来，不仅她的新衣服被划破了，手也被划出血来。

要知道，对于那个年代的孩子来说，手上流点血可能不算什么，但一件新衣服是多么的难得，而这份"喜悦"还没来得及向小伙伴们炫耀就被破坏了，还是被蛮不讲理的大人破坏的。小女孩为自己的新衣服感到惋惜，她伤心极了。

小女孩哭着跑回家，希望妈妈能帮她"报仇"。可是平时毫不起眼的妈妈居然给她讲了这样一段话，妈妈说：

"女儿，有些时候，不用去跟别人打，不用去跟别人闹，你学好了口才，一句话，就会很有力量，很有震撼力，既可以帮助别人认识自己的错误，也可以让自己得到改变。"

听到这句话时小女孩愣住了，虽然对妈妈的话不是很理解，但是她知道被人欺压的滋味，在那一刻，她下定了决心，她要挣钱，将来一定要通过自己的努力改变自己的命运，改变家族的命运，不再让别人欺负和轻视。

于是，不到十岁的她便开始为自己的这个决定付诸行动。平日里放学后，除了捡废品换钱，她还学着大人的样子到电影院门口卖花生，周末再去菜市场卖菜……一年后，她有了自己人生的第一本存折。

毕业后，她做过餐厅服务员，卖过服装，卖过电器，还曾在互联网公司就职……一路摸爬滚打，从小植根于她内心深处的财富梦，在她最风华正茂的年纪就实现了。

有了财富，她从不张扬，更没有停止努力和学习。而是找到自己的人生使命，不断结交各种优秀的人，向他们学习，提升自己的能量和人生格局。

今天，她更是站在了全世界的舞台上，通过自身的影响去改变别人的命运！

当有人问她："您今天的成功靠的是什么？"

她回答："**最初想创造财富，想努力挣钱，只是为了'报仇雪恨'。**"

大家知道我讲的这个小女孩是谁吗？没错！这个小女孩就是我！

今天，当我历经岁月的洗礼，明白了人生在世总会承受着无情的"人情世故"，但任何不得不接受和无法挽回的过往，都可能成为你日后逐渐强大的力量支撑。其实，对于任何一个想改变命运的人来说，改变命运只有一个重要的秘诀：

下定决心，凡是改变都要下定决心！

很多人可能会质疑："万一下定决心，还是不能改变怎么办？"我只能说：你这只是"想要改变"，而不是"决定改变"。

"想要改变"和"决定改变"是两个概念。

"想要改变"会让你充满很多不确定的因素，你可能今天决定要这么做，到了明天又决定那么做，后天可能又决定放弃，而真正的决定应该是一种强烈的欲望——不改变不罢休的欲望，"决定改变"，下定决心就一定能坚持到底，遇到困难决不放弃，直到改变为止。

有这样一个故事，一个小女孩头顶着一筐鸡蛋在想：真棒，有了鸡蛋，鸡蛋就会生小鸡，小鸡长大了又会生蛋，鸡蛋越多卖的钱也就越多，可以买一个农场，买了农场就可以养牛、养羊、种庄稼，成为一个农场主……当她想到一半的时候，突然鸡蛋筐掉地上打翻了，她所想的一切也都成了幻想和泡影。

所以，千万不要只"想"改变，你想改变一辈子也不会改变。不信，你可以去问问路边的乞丐，他们想不想要更好的生活？你可以去问问餐厅的服务员，他们想不想月入过万？你可以去问问挤地铁的年轻人，他们想不想坐奔驰？他们当然都想。可为什么做不到？因为这只是"想"。

记住，你的人生从你下定决心的那一刻开始改变，你所做出的任何一个决定都决定了你的人生，必须拿出一些真正的行动来改变自己的人生，改善自己的生活品质。

我有什么？

我想过什么样的生活？

我要成为什么样的人？

要做出什么样的事业？

要交什么样的朋友？

很庆幸这些年来，我凭借着自己的努力，不仅实现了小时候的"诺言"，而"传奇夫人"更是给了我一个更大的舞台去实现自己的理想和抱负。一路走来，自己未曾有片刻的迷茫和退缩。如果你现在依旧还无法下定决心去改变，也许你真该问问自己：

10 年前，我在做什么？

当时有没有人问过我，10 年后你的理想是什么？

我的回答是什么？

当初我所做的承诺兑现了吗？

我的理想实现了吗？

一个人的人生中有多少个 10 年？又有多少人在平平淡淡、庸庸碌碌中浪费了生命！千万不要幻想，而是下定决心，决心是策划命运的开始，同时也预言了结果！

2. 美是一种信仰，与年龄无关

20 岁，青春过，浪漫过；

30 岁，成熟了，优雅了；

40 岁，精致了，感悟了；

50 岁，更端庄，更典雅；

60 岁，淡泊了，宁静了……

每个女人不可避免地要经历时间的变迁，而有些女人会在时间的沉淀中变得更加优雅美丽，也更富有魅力，因为她们深信——

美是根植在心中的一种信仰，与年龄无关。

2016 年星光大道的演播厅里，"传奇夫人"大赛中国总决赛迎来了一位"奶奶"级别的民选亚军——76 岁的张秀英女士。

也许，对于很多女人来说，76 岁可能意味着是一个不再有梦的年纪，是此生命运的"定型"，是"活一天是一天"的消极，是丧失美的资格的无奈……但是，张秀英女士，在"传奇夫人"的舞台上，星光闪烁，从容优雅，她用自己的行动向我们证明了，76 岁依然可以很美！

为了"传奇夫人"赛事，2016 年 7 月，她顶着炎炎夏日，奔走在淮北妇联、文联、电视台等相关部门宣传"传奇夫人"的文化。当别人问她："'传奇夫人'是什么？"她回答："我不知道，但我知道'传奇夫人'倡导的是升华已婚女性的灵魂，鼓励女性站在舞台上突破自己，成就女性的舞台梦与家族梦，成为孩子的榜样，先生的骄傲，家族的荣耀。"这句话也是对她最完美的阐释。

她四代同堂，儿子和女儿都非常优秀，家庭幸福美满。她与"传奇夫人"结缘后，意识到应该将这样的幸福分享出去，让和她同龄的女性也能够再次美丽绽放。在她积极的感召下，2016 年 8 月 28 日分赛区在淮北成功举办了一次为期两天的仪态培训课。当时来自各行各业的女性共计 14 人，其中有两位是 72 岁高龄的退休女士。经过专业形体老师的悉心指导，这些选手在走姿站姿方面开始发生蜕变，都变得优雅自信，气质出众。

她说："**我把生命中的每一天都当成最后一天，只要存在必须精彩。**"

在她这种自信、大爱精神的感召下，更多的女性渴望登上"传奇夫人"的舞台，分赛区为了响应大家的要求，2016 年 9 月再次在淮北安排了一次培训课程。我们也相信，在"传奇夫人"的舞台上，女人不管什么年纪，都会很美。

所以并不是你不美，而是你对年龄或某一方面的恐惧和不自信，让你没有找到美和幸福的方法。

任何女人都希望自己能够青春永驻，可是我们也必须接受年龄在逐渐增长的事实，不要以为年纪大了，美丽就消失了。

年龄不是衡量你美丽与否的标尺，一个真正自信聪明的女人，一定是能够坦然面对自己年龄的女人，并能在每一个年龄中找到与自己气质相符合的美丽。

如果说我的前半生有什么事情最值得骄傲的，我会毫不犹豫地说"传奇夫人"。因为在这个舞台上，我见证了一个又一个夫人的蜕变，她们从容地美丽自己，幸福人生。

"传奇夫人"赛事刚刚举办的时候，考虑到传播效应，曾有人建议我找几个漂亮的小姑娘上台，这样更能吸引眼球。但是我断然拒绝了，因为我坚信，美和年龄无关，夫人们也可以很美。现在我可以自豪地说，"传奇夫人"的赛事从来不弄虚作假，都是实打实的"夫人们"亲自上阵，甚至奶奶级别的夫人也毫不逊色。而在我们的舞台上，每一个夫人都可以优雅迷人、美丽绽放。

因此，聪明的你，千万不要让自己每天沉浸在对年龄的恐惧当中，你要接受并积极地面对你的年龄，就像张曼玉所说的："我 42 岁了，我就按 42 岁而生活。我可以面对这个事实。"

然而"坦然接受"，并不代表自己可以随心所欲地"不修边幅"。

有人说，30 岁是女人非常重要的一个分水岭。30 岁以前，你的美丽是父母给的；30 岁以后，你的美丽就来源于你自己了。因为女人过了 30 岁，要承受的压力会越来越多，面对的事情也会越来越繁杂，身心的负荷加重了，容貌和身材也会发生变化，这时，你更要懂得呵护、调理自己的美，它会给你带来意想不到的惊喜。

可惜现实中很多女人成家之后，面对烦琐的人事，面对渐生的皱纹，往往会生出这样的想法：

我已经结婚了，孩子都不小了，还美什么呢，一不小心，还会被人说是臭美。
我从来不是漂亮女人，再打扮也美不了！
美不美就那样了，老公也不会多看一眼！
一大把年纪了，素面朝天，自然就是美吧！
……

真是这样的吗？

和大家分享一个小故事：远古时候，男人和女人是分开生活的，每隔一段时间他们就相聚在一起，如果男人看上了某个女人，就会把女人打昏，扛到山洞里，这就是最早的"入洞房"。后来，有一个非常聪明的女人，为了免受打昏之苦，想到了一个办法，她捡来一些彩色的石子，把它们磨成粉涂到自己的脸上，又采了一些树叶围在自己的腰上。结果她的出现惊呆了所有人，趁着大家发呆的时候，她选好了自己的意中人，领着一起走入了山洞。凭着自己的聪明美丽，这个女人选到了自己的如意郎君。

远古人都知道美能带来好处，更何况生活在这个五彩斑斓的社会中的我们呢？

我一直以为，只注重内在美而忽略外在美的女人，也是肤浅的女人。

女人在任何时候都要让你的美丽发挥它应有的作用，特别是成为夫人后，更要懂得在适当的时候让你的美丽掌握足够的发言权，成为你的资本，在需要的时候展示一下，它可以帮助你走出人生中的困境。虽然有人说漂亮的女人都是花瓶，但是花瓶如果摆在了合适的位置，它就是艺术品。

请微笑着面对生活，坚强、执着、自信，
做一个集善良、优雅、温柔于一身的女人，
无论何时，你都是最美丽迷人的女人，
即使站在青春靓丽的小女生面前，你的光彩也丝毫不会逊色。

你本来就很美，接下来的岁月，你只需将自己的美在"传奇夫人"这个舞台上绽放出来。

3. 自信是千万金钱买不来的财富

人的自信来源于什么？很多人认为自信来源于金钱、财富和地位。但实际上——

人的自信其实是一种人生态度，是来源于一个人对自己生命轨迹的掌控与改变的决心和能力，来源于对未来风险无所畏惧、迎难而上、勇往直前的精神。

真正的自信是不需要任何外在事物来表达的。

认识我家先生之前，通过自己在房地产领域的摸爬滚打，我已经积累了一定的财富。然而，我并没有因为有钱了就变得自信。这一点在我结婚的前两年表现得尤为明显。结婚之前两个人相处毕竟没有那么"真实"，表现的往往也是自己最好的一面，但是结婚之后，日久天长，很多问题就暴露出来了。

在很多人眼中我和先生算是比较般配的一对，但是我一直认为，他是教师出身，他的境界比我高，一直觉得他比我优秀，加上自己从小就缺乏安全感，便非常不自信，总是担心他会抛弃我，有很长一段时间便天天追着他问："你爱我吗？"开始，他还很和颜悦色地回应我。被问得次数多了，他反而有点爱理不理的样子，甚至有时会当作没听到一样，头也不抬，继续忙着他自己的事。他越对我的话置之不理，我心里越慌，总想控制他，所以，每天都会找一些事情，一不满意就用离婚来威胁他，其实是想吓唬吓唬他，看看他到底在不在意我。结果，先生被我弄得很烦，甚至好几次真的要和我去办离婚手续，这时我就害怕了，又央求他打道回府。

终于有一天他受不了了，对我说："咱们离婚吧，给你一周的时间考虑一下。"看着他认真的样子，我彻底不知所措了（后来才知道，他不是真的要和我离婚，而是为了让我警醒而吓唬我），意识到自己可能真的有问题，经过痛苦地思索之后，我想，我应该改变一下自己了。要不然，我的家都不保了。

如何改变，我想到了向"情敌"学习。

我知道先生有个前女友，通过多方打听，我找到了她的联系方式。也许在很多人眼中前女友就是"情敌"，但是我不这么认为。我想先生和她相处了两年多，这个女人身上一定有吸引先生的魅力，一定会有值得我学习的地方。于是，带着一颗虔诚的学习之心，我把她约到了一个咖啡馆。

刚见到她的时候，我有点吃惊，她比较胖，打扮得也没有我时尚，我很好奇她哪一点吸引了先生。后来通过接触，我发现她的魅力来源于她身上的那份自信和从容，来源于她言谈举止中透出来的那份坚定。她也被我的真诚所感动，那天我们聊了很多，也聊得很愉快。从她和先生的往事中，也让我对先生有了一个更加客观、理性的认识。

这件事情之后，我开始真正地去审视自己，意识到自己的这些行为不过是由于缺乏自信而单方面的一味地索取，索取他对自己的爱，索取他对爱的证明，不仅给自己的生命带来了很多的困扰，也给先生带来了不少困惑和束缚，然而婚姻并不是索取，更多的时候是两个人的信任和付出。有了这种认识后，我开始认认真真地学习，通过读书，慢慢调整自己的心态，由之前的怀疑先生变成信任先生，由之前的控制先生变成支持先生。甚至在结婚后一年多，当先生前女友把她和先生聊天记录的截图发给我的时候，我没有跟先生吵闹，也没有一丝生气和埋怨，而是警醒并反思自己哪里做得不够好，要如何提升才能让先生对自己无话不谈。当我开始改变的时候，我发现，不仅困扰我和先生的问题消失了，我们夫妻的感情也越来越好。

同时，也正是因为这样的切身体验，在"传奇夫人"的舞台上，我们非常重视夫人们的自信培养，想让夫人们更美、更自信！我也努力地用自己的自信感染、影响着每一个人。

不管是胖瘦与自信，还是财富与自信，

原本没有关系的两者之间，因为认知上的偏差，就有了不可磨灭的关系。

自信本身应该是一种内在的对自我的认可和肯定，每个人都应该修炼自信心，尽量让自己不是因为借助外力（如金钱、身材）才自信，因为仅凭外在的某一方面的优势获得的自信是肤浅的，是不能持久的。内心强大，对自我肯定度高，才是真正的自信。

如果说曾经的婚姻危机是我自信萌发的契机，那么今天的"传奇夫人"则是我自信的真正崛起。通过这个舞台，我见证了自己的点滴成长，收获了自己当初帮助他人的美好梦想，也认识到何为真正自信的因素：

会肯定、欣赏自己；

在人群中有话语权，有影响力；

学识渊博或很精深；

人们对自己的认可和喜爱。

"传奇夫人"以圆天下女人舞台梦、魅力梦、健康梦、家族梦、幸福梦，让女人自成传奇为使命，也正是以上四个要素的实现过程。

当然，我也遇到过很多人，一提"传奇夫人"，她们往往惊呼："这个赛事规格太高了，我怕我不行！"

别人做的很多事，你觉得都很牛，觉得遥不可及，但只要你勇敢地去做你害怕、担忧、没信心的事，从一个小胜利走向另一个小胜利时，你终会发现：都是两个肩膀扛着一个脑袋，没什么了不起。

人生在世几十年，从头到尾陪你走完的也只有你自己，活得精彩与否也只是你自己的事情。如果你常常对自己说："我好害怕，还是算了吧！"那你的人生就太遗憾了！

4. 女人越不自信毁灭性越大

大多数女人都要经历这些：十月怀胎，生儿育女实属不易；为家庭任劳任怨，养育孩子、孝敬父母的辛劳；为让家庭更加富裕，在职场拼杀的艰辛……

随着女性作用和地位的提高，能力得到更多的施展，需要关注的方向也不断增加，这给女性带来前所未有的压力。不仅需要在不同角色中进行转换，还要把握住不同阶段的发展节奏，而这往往是一着不慎满盘皆输，影响的不仅仅是个人，更有可能是家庭、孩子，乃至整个社会。所以，可以这样说：

女人是一个家庭的灵魂，担负着家庭幸福的重任；
女人是孩子的母亲，更是无形导师，影响着孩子的未来；
女人是社会稳定的基石，家庭的幸福、孩子的健康成长，关乎着社会的和谐。
女人不自信，毁灭的是一个家庭；
女人不自信，摧毁的是孩子的未来；
女人不自信，动摇的是社会和谐的基础；
……
牵一发而动全身，越来越多的家庭调查结果显示，女人越不自信毁灭性就越大！

她曾和我一起参加过一个大赛，然而各方面都比我出色的她不仅没有获奖，整个参赛的过程，她给人的感觉都特别的压抑，眼神暗淡无光，没有神采。

后来通过聊天才知道，她和老公离婚了，因为孩子的原因，依旧住在一起。

而离婚的原因是老公有外遇，甚至连婆婆都为老公盯梢。老公不爱她，婆婆是"帮凶"，女儿也不尊重她，一度曾让她怀疑自己，怀疑人生。总觉得是自己不够好，无法让人爱她，而且对老公和婆婆产生了一种怨恨情绪，极度地憎恨婚姻。更糟糕的是，在这种心理和情绪下，老公花心、女儿叛逆，自己的事业也日渐荒废，家里每个人的心里都笼罩着一种无法言说的压抑和苦闷。

在我的感召下，她报名参加"传奇夫人"大赛，但是报名后，她又想放弃，家庭的阴影，仿佛一块无形的大石头一直压在她心里，她找不到任何的存在感和人生价值。我对她说，正是因为如此，你更要参加"传奇夫人"大赛。

在我的支持和鼓励下，她最终没有选择退缩。通过培训，她在 2014 年的佛山赛区杀入了中国总决赛，并在中国总决赛中获得了"榜样母亲"的称号。而参赛的过程也是她成长蜕变的过程。通过这个赛事，她一步一步地找回了自己的光彩，提高了自己的境界，走出了之前婚姻的阴影，对老公和婆婆的行为也开始释然。

她说："**走上舞台之后我自信了，且通过'传奇夫人'文化理念的熏陶，我懂得了接受万物的发生，明白了自己活着就是存在，存在的意义就是照耀，我们不能因为别人对自己的伤害，而失去了自信和存在感，而是要无条件地让自己幸福喜悦。**"正是她的这种改变，缓和了他们的夫妻关系，更是用自己的行动影响了女儿。

她的女儿因为看到自己的母亲在舞台上光彩四射的样子，认识到了舞台的魅力，萌生了舞台梦，最后选择了模特职业，并通过自己的努力获得了全国模特冠军，开始进军演艺事业……

我经常会给学员讲这样一个故事：

一个小女孩，她打开了一扇窗，看见一个男孩子正在埋葬他养了多年的猫，女孩子也为他感到伤心就开始哭泣，她爷爷过来关上了那扇窗户，打开了另一扇窗，看到的是一个充满玫瑰花和阳光的花园，女孩子立刻忘记了痛苦开始微笑了。

当你感到迷茫、痛苦的时候，有没有想过，是不是自己开错了窗子？你可不可以关上这扇窗而去打开新的窗户？也许很难，但是我相信，你一定可以做到的。而对于很多人来讲，"传奇夫人"就是这样一扇新的窗户。

很多夫人在参加"传奇夫人"的时候，处于人生的低谷，丈夫有外遇，工作不如意，孩子太叛逆……但是通过讲师的引导，她们最终在世界性的舞台上证实了自己的美丽和优秀！每一个夫人也在"传奇夫人"的平台上重拾了自信和人生。

我们只想告诉你：

自信的女人是最好的红颜知己，她冷静、透彻、聪明，她像一缕春风，能吹散身边人的愁云，给大家带来轻松愉悦；

自信的女人是最好的妻子，她自信中的妩媚，从容不迫的谈笑，深透骨子的优雅，会永远让丈夫感受情爱的温馨和甜蜜，不会让爱成为一种"难堪"；

自信的女人是最好的母亲，她有健康的身体，不老的容颜，她神采奕奕，魅力无穷，她可以把这份自信深深地根植在孩子的心中；

自信的女人是最好的事业伙伴，她能听取不同的意见，取长补短，也能虚心接受别人的批评，积极进取；

自信的女人是最了不起的成功者，她不惧怕失败，用积极的心态面对现实生活中的不幸和挫折，她用微笑面对扑面而来的冷嘲热讽，她用实际行动维护自己的尊严，不仰望别人，自己亦是风景；

自信的女人是最好的榜样，凭着自己的心性去过自己想要的生活，经济独立，事业进步，感情丰富理智，家庭和美。这一切都淋漓尽致地表现出自信者的气质，一种坦诚、坚定的向上精神。

美貌可使人骄傲一时，自信可使人骄傲一生。我真心地希望我们每一个小家都能够幸福，从小家到大家，从个人到团队，从整个民族再到整个世界，一切都将变得美好。

5. 站上舞台是通往自信的捷径

其实，我们缺乏自信，内心充满自卑情绪，有一个绕不开的原因：眼界！

为什么这么说呢？

现实生活中，我们往往会有意识地去选取参照，特别是自己拿不准的时候，就更喜欢左右比较，这时伴随着比较，你会看到自己与他人的差异，这种差异会让你感到不安，更糟糕的是，你把差异当成了差距，于是产生了自卑。

既然自卑源于一定范围的比较，那么克服自卑，获取自信的办法就是不能封闭自己，消灭比较。

你应当将自己的视线延展放大，放开比较面，眼界开阔了，自然会发现还有与你相同的东西，整个人自然就自信了。

而"传奇夫人"的舞台就是让你开阔眼界的舞台。

她是我通过一个朋友认识的，是两个孩子的妈妈。

刚见到我的那一刻，她非常激动地说："你是我的偶像，我特别喜欢看'传奇夫人'比赛，台上的夫人都好有魅力，好羡慕她们！"

我便笑着对她说："其实你也可以像她们那样的。"

"我哪行呀！"她不好意思地摇摇头说，"你看看我这个子，这身材，再说我也没有什么才艺。"

我告诉她，其实台上那些光彩夺目的夫人，在刚参加比赛的时候，有很多也是非常不自信的，她们对自己身上蕴含的能量，也并不是很了解，总是找各种各样的借口来推托比赛的邀请。但是，当她们一站上舞台，经过了舞台的洗礼，见证了自己也同其他人一样跻身于世界面前时，猛然间就会发现："我也可以这样光彩照人！""我也可以让别人羡慕！""我比自己想象的更好！"而这种自信也将伴随着她们今后的人生。

在我的鼓舞下，她参加了下一个赛区的"传奇夫人"比赛，在接受培训的时候比谁都认真，而"传奇夫人"对她来说，仿佛就是一个全新的天地，看着自己一步一步地成长，一步一步地与最优秀的人并肩，每天脸上都洋溢着微笑。虽然最终她无缘总决赛的冠军，但是，她说："如果不参加这个比赛，我可能永远都没有机会知道自己原来这么优秀！"

成功是"自己满意，别人认同"，这包含了主观认知和客观认知两方面的内容。道理很简单，"让自己对自己的表现感到满意"和"让别人认同自己的付出"这两方面的内容，如果缺少了任何一个都会令人感到失落、不平衡甚至难受。而"传奇夫人"的舞台则很好地平衡了这两方面，让每一个夫人都能获得对自己一个全面的认知和成功经验的积累，从而告别沮丧和自卑。

所以，站上"传奇夫人"的舞台就是女性走向自信的捷径。

1. 上台前的准备可以让我们获得真正意义上的快速成长

人的自信往往来自能够清晰地看到自己的一点一滴的进步，然后不断超越自己。但是很多时候，我们的生活好像并不能够帮助我们清晰地描述自己的每一点进步，不能清晰地展现出自己的变化，甚至进步，因此，很难让自己保持自信心。

而有了像"传奇夫人"这样的舞台，你不仅可以通过参加培训，通过学习到的每一个知识，清楚地看到自己每一天的进步；你还可以通过每一次登台的历练，感受到自己一次又一次成功闪耀的惊喜，看到自己正一步一步地靠近成功，攀登人生新的高峰。

2. 聚光灯下，我们可以更加光彩夺目

每个女人都有一个舞台梦，很多人的不自信，也是因为缺少一个展示自我的舞台。通过舞台，你可以像明星一样尽情释放自己的美、自己的魅力，从而极大地丰富自己的生活，收获自己别样的人生，无疑为自己今后的生活注入了一股更

加强劲光彩的力量。

3.周围人的激励，是促使我们更加认可自己的不竭动力

人是群体动物，要在这个群体中生存，就要获得别人的认可，这会激发我们很强的满足感和成功意识，激励着我们更加自信。

总之，通过舞台的亮相，实践经历的积累，眼界的拓宽，你会慢慢了解自我，那时的你，有的只是对人生的自信和对成功的敬畏。

而这样的一个逐渐自信的过程则具体体现在以下几个方面：

看待失败、困难的态度发生变化，比以前更加容易看到机会而不是困难。

更愿意从自身找问题而不是一味地寻找客观原因。

原来从一个视角看问题，现在愿意尝试从多个视角看问题。

原来只注重把一件事做完交出去，现在更关注所做的事要符合接收方的需求。

更高层面的进步是敢于、愿意面对自己内心的真实所想，甚至是一些不积极的想法，愿意包容自己。

如果你在做事的过程中能不断发现自己以上几点进步，相信一定能够找到自信。当然，如果你有这样的一个舞台机会，尽管还不知道怎样开始，甚至不知道这样做有什么结果，就愿意去参与尝试，我想这已经是一个人走向自信的开始。

6. 自信不是"我想要"，而是"我就是"

船有了风帆，才能在大海上乘风破浪；人有了自信，方可在人生中一展芳华。

自信，简短的两个字，却是两个极端：做到了，就是成功；做不到，就是失败。这两个极端之间的差距，其实就是"我想要"和"我就是"。

"我想要"只是你的一种"想象"，充满着很多不确定因素，很多人终其一生

也未能实现，而"我就是"，则是你自信的一种具象化，会成为你行为的一种准则，它所折射出来的是你的一种自信的态度、魄力和目标。

从小我就是一个对美充满向往的小女孩，那时，我还是班上的文娱委员。然而，爸爸观念传统，认为文艺并非一个人的正经追求，在他的束缚下，我的文艺梦想很快就破碎了。虽是如此，我依然对此抱有一份最纯真的期盼，长大了，还特别喜欢看香港小姐比赛、亚洲小姐比赛，羡慕她们可以通过仪态、演讲等方式在舞台上美丽地绽放自己。看到动情处也会在电视机前喜极而泣。那时我根本没有想到，婚后的自己也有机会登上这样的舞台。

我依然记得，2011年参加一个演讲班时，有个人推荐我去参加世界夫人大赛，我既激动又忧虑，一想到要去香港参加比赛，还要穿泳衣，而且要现场演讲，可自己已经是一个孩子的妈妈了，便有些犹豫。这时我的一个朋友给我打气，她对我说："这是好事啊，有人邀请你还不好？如果她邀请的是我，我就去了。"那时候先生也非常支持我。

有了他们的激励，加上自己对舞台的向往，我便下定决心去参加，并鼓励自己说：

能够重拾自己的舞台梦，无论结果如何，人生不再有遗憾。

虽然有了这样的决心，但是站上舞台面对着闪光灯和台下黑压压的观众，自己还是紧张了。怎么办？我想到了那些在镁光灯底下优雅美丽的女星，于是我对自己说："我就是像章子怡、李嘉欣一样的巨星，没什么好怕的！"

其实，我从小就认为"我就是"美好的，就像母亲从小就对我说的那样"你就是冠军""你就是大老板"。后来从事房地产工作，我就觉得"我就是一个亿万富翁"，于是，我带着这种亿万富翁的能量去跟别人谈判、交流，跟别人合作，那种气场和神韵、状态跟一般人是完全不一样的。

于是，有了这样的观点转变后，我便真的把自己当成了一名"巨星"，像她们一样从容地面对镁光灯，像她们一样在话筒前侃侃而谈。最终也因为我的这份自信、从容获得了这次比赛的亚军。

有了这次的经验后，2012年我再次参加国际性的赛事时，便一扫之前的顾虑和紧张，而这一年也成了我人生中非常重要的一年。我站在全球的舞台上挥舞着五星红旗与五十多个国家的夫人同台竞赛，并在美国加州荣获首个华人"世界冠军"。

同时，这段经历让我更加明白了，人生中你想做成一件事并获得成功，不是你想要改变就可以的，有些人一辈子都没有改变过。正确的做法是应该从"我想要"到"我就是"，就好比说你想成为一个超级演说家，那你就要觉得自己就是超级演说家，从而将超级演说家的魅力和自信释放出来，而此时你身上的神韵、气场和舞台魅力必然也会不一样。也就是说，"想改变"与"我决定"和"我就是"是人生中完全不同的三种境界和层面。

"想改变"，仅仅是停留在意识层面的"改变"，它还未涉及行动层面，自然也不会带来什么结果。

"我决定"，是自信的一种心理激发，已经开始为我们的行动储备能量，然而，这样的能量有着很多不确定因素，往往不能有效地释放出来。

"我就是"，则是一种积极且明确的行为目标和准则，一种超级自信的状态，其往往蕴含着巨大的能量，能够挖掘出我们无限的潜能，给我们带来想要的结果。

所以，自信不能停留在"想"和"决定"上，要成为自信者，就要像某一行业的自信者那样去行动，当我们也能如他们那样自信地讲话，自信地去做事，通过每一个自信的表情、手势、语言去展现自己时，我们才能真正由内而外地散发出迷人的光彩。

传奇能量场·成功挑战自我练习题

自信，就是对自己能够达到某种目标的乐观、充分估计。美国作家爱默生说："自信是成功的第一秘诀。"可以说，拥有自信就拥有无限机会。那么如何增强自信呢？

1. 喜欢自己

喜欢自己不是自恋，而是自我肯定。一个连自己都不喜欢的人，是不会喜欢别人的。你不喜欢别人，别人也不会喜欢你，为此你会感到被人忽略，甚至歧视，会因而变得更加自卑。

写下你自己的十个优点，不论是哪方面（细心、眼睛好看等，多多益善）。

在从事各种活动时，想想这些优点，这样有助于你提升从事这些活动的自信，这叫"自信的蔓延效应"。

2. 相信自己具备某种能力或优势

世界上每个人都是独一无二的，每个人都有每个人的优势。要想尽办法了解自己的优点和能力。

写下你所擅长的事情。

3. 进行正面心理强化

不断对自己进行正面心理强化，一旦有所进步（不论多小）就对自己说："我能行！""我很棒！""我能做得更好！"这将不断提升自己的信心。

因此，写下最能激励你的一句话，并时常照着镜子对自己说。

4. 制定目标

给自己制定恰当的目标，并且在目标达成后，定更高的目标。目标不能太高，否则不易达到，对自信心会有所破坏。

请结合自己的实际，写下这一年的目标、三年后的目标及十年后的目标。

5. 榜样激励

每个人都有自己的偶像和榜样，他们也可以给我们带来莫大的激励。

写下你想成为的那个人，并概括一下他 / 她的为人处事方式，平时多多学习。

6. 把握机会

把握每一次成功的机会。每一次成功，无论大小，都是能力的象征与价值的肯定，能让你感到更自信。

写下离你最近的能够带给你成就感的机会（不管这个机会多么小，多么微不足道）。

第二章

学习力就是生命力

人生是一场马拉松，不要试图依靠别人，你人生的每一步都必须靠自己的能力完成。当你的才华撑不起你的野心，当你的经济撑不起你的梦想时，就该静下心来踏踏实实地学习。事实往往很残酷，想要成功，唯一的选择就是让自己变得更加强大和优秀，我们没有任何东西可以依赖。

7. 让你变优秀的唯一途径就是学习

　　如果将人看作一棵树，学习力就是树的根，也就是人的生命之根。我们评价一个人在本质上是否具备竞争力，不是看这个人学习成绩的好坏，也不是看他的学历有多高，而是看他这个人有多强的学习力！

学习是终身的必修课。

　　和很多花季女孩不一样，当她们还沉迷于穿衣打扮、花前月下的时候，我已经通过自己的努力不仅在房地产行业站稳了脚跟，更是收获了一定的财富。

　　那时候，自我感觉良好，我有花季女孩一样爱美的心思，我有她们一样努力的付出，我还有她们所没有的在事业上的成功。那一刻我觉得自己自信满满。

　　后来，我认识了先生，受他的影响开始去参加各类培训。

　　2007年，我在深圳报名了教练技术课程，在整个授课过程中老师都在观察每一个学员。课间辅导的时候他对我说："一看你的作业就知道你不自信。"我很惊讶，反驳道："没有，我现在一切都挺好的，我很自信，很满足。"然而老师还是摇了摇头，说："你的内心不自信，因为你的眼神不够坚定，在躲闪。"

　　经过他的一番提醒，我想起了一件事。那时，有个男孩子对我有好感，约我出去和朋友聚一聚。整个过程我都不敢看他。结果他对他的朋友说："这个女孩很优秀，但是很花心。"朋友非常不解："她这么纯情的女孩子怎么就花心了？"他说："因为她的眼睛一直在到处乱看。"

　　其实并不是我喜欢到处乱看，而是我害怕被人看穿自己的心思。原来这也是不自信的表现啊！我第一次意识到自己并没有想象中的那般自信和优秀。以前的我只是活在自信和优秀的表象之中，真正面对大场合，内心依旧是忐忑的，不够强大的。而要想让自己变强大，**唯一的途径就是在学习中修炼，每次哪怕只是学到了一句话，也会给自己带来点滴的启示和进步。**

于是，我就抓住一切可以学习的机会去提升自己，也正是因为后来如饥似渴地学习才有了今天的我。同时我也明白了：

学习不一定改变命运，但是把学习当成一种习惯就会为改变命运奠定前提和基础。

学习不一定能让你马上成长，但是坚持不断地学习一定会成长。

学习不一定产生力量，但是专注地学习一定会产生力量。

然而，有人可能会生出这样的想法：作为一个女人，并不需要你保家卫国、冲锋陷阵、职场拼杀，照顾好子女和丈夫即可，学那么多干什么？我只能说还抱有这种想法的人是悲哀的，女人就真的不需要学习了吗？

养育孩子要不要学习？如果不需要学习，为什么同样的社会环境、生活条件，你的孩子和别人家的孩子有着那么大的差距？

夫妻相处要不要学习？如果不要学习，为什么你的丈夫总是想投入她人的怀抱？

职场技能要不要学习？如果不要学习，为什么公司效益不好时，第一个走人的总是你？

人生境界要不要学习？如果不要学习，为什么你的眼中永远只有那"一亩三分地"，一辈子遭受他人的嫌弃？

······

有人问杨澜：女人的老去，是从她着急嫁人开始吗？杨澜回答：当然不是，一个女人的老去，是从她越来越懒，越来越想逃避，是她停止学习成长的时候。所以有些人到 60 岁还没老，有些人才 18 岁就开始老了。

年轻是一种孜孜不倦的心态，是一种永远活在希望当中的状态！

就是要不断地改变，不断地探索在不知不觉中变得更好。

这个时代，已经赋予了女人无限的可能，我们已经用"传奇夫人"的舞台证明了作为一个女人，依然可以光彩四射，拥有一番大作为，而女人永葆青春活力的唯一秘诀就是不断地学习和改变。

学习是可贵的生命力，
是活跃的创造力，
也是本质的竞争力，
当然，其过程是需要付出艰辛的。

每一个传奇夫人走向"传奇夫人"这个舞台的时候，都要历经 3~5 天的形态、演讲、化妆以及思维模式、胸怀格局、亲子教育、两性关系等方面的高强度培训，往往一个培训下来便会瘦掉好几斤，可见其间的付出也需要一定的毅力。再加上工作的繁忙、家庭的琐事、生活中的不幸与悲伤，都可能会成为学习的阻力。我们也曾遇到过因为种种原因想要退赛的夫人，但是我还是想说：

不要紧，只要你心中渴望学习的火焰不曾熄灭，学习就永远不会终止。况且学习道路和我们的生命一样漫长，任何时候的学习都不会为时过晚。

九曲黄河也有迂回折转的时候，世上从没有常胜不败的将军，只要不放弃奋斗的目标，倒也不必为一时的得失而灰心丧气！

8. 在学习中发现你的人生使命

学习的最高境界不是读了多少书，参加了多少培训课程，拿了多少证书，而是把所学灵活运用，同时去感悟、反省自己，去改变和提升。

经历了感悟和反省，你会认识到：

学习不仅是一种态度，更是一个人对自己、对家庭、对公司、对社会责任感的体现，从而发现自己的人生使命。

每个人都带着自己的使命生存于世。这个使命不存在于他人的目光和生活，不存在于外在的比较和得失，单单在于自己独特的本质。那么，如何发掘出自己的独特本质并发现自己的使命呢？唯有学习。

我也曾像很多人一样，在刚刚有点"学有所成"时，就迫不及待地想要去炫耀，去展示自己。记得那时我很踊跃地上台演讲，只是想努力地证明一点——自己是最牛的。当然，这样的演讲效果也就可想而知了。更恐怖的是这种"炫耀"很多时候是在摧毁别人的自信，自然也不会引起他人的喜欢。几次之后，我开始反思自己，在谢华老师的一次超脑力课程上，我彻底地警醒了。

课上，谢华老师让我们写下最想成为什么人。

面对这个"作业"，看着台上已经帮助过千千万万人走出迷茫的谢华老师，我突然想到：自己在物质上已经脱贫了，是不是应该再有一些别的追求？是不是可以像老师那样去帮助更多的人？是不是可以让更多的女性不再经历因为不自信而带来的物质、人际关系、人生等的担忧和不安？

　　于是那一刻我的心中有了一个答案：成为一名演说家，去帮助更多的人获得幸福和成功，并以此作为自己人生的使命。我也明白演说家或许只是一份职业，一个帮助他人的渠道，想要完成这样的一份使命，除了演说，还有舞台，而最快速的方式则是舞台和演说的结合。有了这样的认知，特别是自己拥有了世界舞台的经验后，我便开始专注"传奇夫人"，在舞台和"讲台"上不断地历练自己。

　　当然，这个过程并不容易，也存在较大的风险，特别是在演讲上，毕竟自己只是"半路出家"，我也没有想过能够真正像培训师那样去开课做培训，我只是从身边力所能及的事情做起。比如和参赛选手分享自己的舞台经验，和遇到的每一个女性分享自己的学习所得，告诉她们不要重复自己的"老路"。也许自己做过销售，学习过演讲及与人交流的技巧，和选手们的沟通一直都比较顺利。后来我发现，因为这种分享是基于解决实际问题，这些知识更是大家所需，自己这样去做时，随着知识、经验的积累，以及逐步地总结、完善，便形成了自己的课程体系，这让我对自己新的使命更加得心应手。

　　所以，每个人都有自己的人格特质，这样的特质是在我们不断地学习中挖掘出来的，在挖掘的过程中，除了要明确学习能获得什么，也要懂得学习需要放弃什么。

放弃对自己的炫耀；

放弃排斥他人的观点和价值；

放弃不和谐的人际关系；

放弃不愿承当更大风险的影响；

放弃要求他人改变而自己不改变的做法……

大多数人，这一生从未尝试过让自己的生命成为传奇，从未活出自我，也因此从来没有真正疼惜过自己这个独一无二的生命，更无法体会什么是上天为自己准备的"特殊使命"。

只有不断地学习才能催生、优化我们的使命，而且还能带来为实现美好心愿担当保驾护航重任的无穷智慧，更重要的是，它最能体现人的生存价值，最能让生命收获希望和幸福。

给人生一个使命，实现无愧于自己的理想；

给人生一个使命，做出无愧于生命的成绩；

给人生一个使命，创造无愧于社会的价值。

"因为我的存在，这个社会变得更加美好"。请给自己一些成长的空间，给自己认识这个世界、看清这个世界的机会，才会有更多的收获！牢牢把握使命，争取做身边人的"燃灯者"，使出全身心的力量及奉献整个生命去完成，绽放属于自己独特的光芒！

9. 在学习中坚定信念

我曾多次跟参加"传奇夫人"大赛的学员说过："人生最可怕的敌人就是没有坚定的信念。"

因为信念可以创造奇迹，可以让人在暗无天日的地方依然顽强生存，在危难时刻仍不言放弃；因为信念可以让野火烧不尽，让星星之火燎原。

信念，可以改变事情的结局和我们的人生。

我一直认为武向阳是我的贵人，第一次遇到他是在 2008 年，由他主办的共和国演讲家彭清一教授的公众演说课堂上，那时我还是一个非常单纯、涉世未深的小姑娘。虽然也接触过很多高素质的人，但是在待人处事上依然存在诸多不足。

那时听他讲课时，他对我说："你应该用'余光'去看待身边的人。"我问："什么是'余光'？"他说："'余光'，就是不要非常直接地看着对方。"后来通过学习我才知道，对于我们人类来说，目光的注视已经成为一种指示性资源，一种表露复杂情绪的有力工具，往往会传达出一些危险、不和善或暧昧的信息，同时也是社交当中非常不礼貌的行为。

认识到这些不足，我便开始从各方面锻炼自己的人际交往能力；我会抓住一切上台的机会，不带任何功利性地去"表现"自己、历练自己。比如，在培训课堂上，我会给自己定一个目标：在这里，我必须要认识多少人，然后主动积极地和他们交流。通过这样的锻炼来克服自己人际交往方面的缺陷和问题。

虽然这些都是小事，但是我的成长都是通过这样的一件件小事开始积累起来的，也正是这些小事，开阔了我的眼界，提高了我的思想境界，最终让我明确了自己的使命，更加坚定了自己的学习及人生的信念。而这个过程，也使我明白：

人的知识结构就是一个坐标轴，横轴是你的知识宽度，纵轴是你的知识深度。
知识光有横轴不过是泛泛而学，必须在纵轴上有一定的深度，才能让我们的见闻广转为知识广，从而让我们整个人有一定的深度和境界。

今天在"传奇夫人"的舞台上，我更是领略到了这种信念的魅力，它是我们对知识和学习的本质、形式、过程、条件及合理性等问题的直接认识。它提供的是一个女人全方位的学习，及全球视野的扩展，它可以让我们：

通过各个维度、层面的学习，提高自我的认知；
通过不同经验群体、不同文化背景的学习，开阔我们的眼界；
通过具体技能、方法的学习，增强我们的能力和水平。

另外，我一直认为，一个人学什么都可以，只要你能真正地学懂学精一门知识，这也是获得学习信念、学习自信的基础。就像曾经从事房地产事业的我，会一门心思地去学习装潢设计，把自己经手的每一套房子都打扮得与众不同，也正是这样的一个学习过程，让我拥有了独特的售房经验和理念。所以，当你有了这个基础，整个人的眼界和格局打开之后，你便会明白，除了学习知识和技能，还要通过学习学会两个判断，进而坚定自己的人生信念。

1. 对未来的判断

比如，通过学习，我认知到："传奇夫人"大赛精神敢为天下先，以圆天下女人舞台梦、魅力梦、健康梦、家族梦、幸福梦，让女人自成传奇为使命，引领天下的女性实现蜕变，启迪女性从平凡到闪耀，选出更多的女性代言人和社会楷模，助力中国梦、世界梦的实现！

2. 把握形势的变化

"传奇夫人"，开启传奇未来，走向财富舞台，是一种新兴的产业化运营赛事，企业化思维衍生出多元化的运作模式，创造价值、传递价值、升华价值，形成一个资源整合多方共赢的复合型赛事文化生态圈，全方位立体式地打造夫人文化、精英团体、后期赛事活动的组织，全面开拓更多成功模式，延伸品牌价值。

也正是基于以上两点，我毫不犹豫地投身到了"传奇夫人"的事业中，并将其作为今后人生的使命和信念。

勇敢地去体验，去学习，定能为自己创造丰盛的人生。

10. 我成了"上课专业户"

2007 年对我来说是非常重要的一年，这一年，我的人生打开了另一扇充满别样风景的窗。

那是我第一次去上技术培训课，上完之后我才猛然警觉，原来培训课里，可以流泪，可以开心，原来学习可以通过体验式游戏来进行，原来人生除了财富，还可以这么活。一节课下来，自己仿佛也历经了一个"浓缩版"的人生，从那一刻起，我就疯狂地爱上了学习。之后我便投入了萨迪亚等各种高端课程的学习之中。接下来的两年时间里，我学习了 NLP 执行师、九型人格、亲子课堂、公众演讲等课程。

而 2012 年是我人生的一个分水岭，只是在这之前，我已经通过学习给自己打下了牢固的基础，虽然那时我的舞台经验为零，但是曾经的学习就是我的底气和资本，不仅赋予了我上台的勇气，更是促进了我舞台上的成长。

时至今日，我可以非常自豪地说，我上了超过一百位老师的课，运营智慧、宗教智慧、母亲智慧、超脑力课程、演讲与口才等，培训界能说得出来的课程我基本都学习过。也正是基于这样的一种学习和积累，我不断地认识到自身的不足，积极改进，才有了现在能在各种场合从容不迫、侃侃而谈的我。

当然，想要将这些知识全部吸收，既要有强大的学习能力，还要有坚定的学习态度。

两者的关系：态度 × 能力＝进步（提高）的速度（态度决定一切）。

解读：提高能力的周期时间比较长，而提高自己的学习态度只需 1 秒。

所以，想成功学习，丰富头脑向前冲；心态成事事成，否则一事无成。

改变学习态度，首先要将过去的被动学习改为主动学习，在没有任何人的安排和布置下，对未知的知识和事物都主动通过各种途径来认识、理解或掌握，不断地积累，这样你的能力才会不断地提高。

我不重视他已经学了多少知识，而是看他将来会有多大能力，还能学多少知识。

另外，还要将学习当成一种享受，一件快乐的事情。例如，虽然我上过20多个演讲导师的课，但刚开始时，我站在台上依然不知该如何开口。一次又一次的学习和实践的过程，不仅让我慢慢地掌握了方法，还找到了如游戏闯关般的兴奋和喜悦的感觉。总之，当你以快乐的心情去对待学习时，学习不但不是一件苦事，还会从中得到你意想不到的快乐。

汪国真曾说过：悲观的人，先被自己打败，然后才被生活打败；乐观的人，

先战胜自己，然后才战胜生活。

　　弱者，他们不敢轻易尝试扬帆的激情；懦夫，他们不敢体味攀登的愉快；愚者，他们不敢向无涯学海发起挑战。所以，他们的人生总是在底层徘徊，不能充分享受知识的力量和洗礼。只有通过学习才能改变自己，让自己成为传奇。

11. 所有人都是你的老师

　　每个人都有不同的经历、体会和见解。古人说："三人行，必有我师焉。择其善者而从之，其不善者而改之。"其实，三人行，何止只有一部分人能当自己的老师？可以说，几乎所有人都可以成为自己的老师。

　　每个人都或多或少地具备值得他人学习的优点或特长。

　　一路走来，我很感激自己生命中的一些人。

　　因家里很穷，我也总是被人欺负和嘲笑，母亲心里很痛苦，但是依然兢兢业业地尽着一个母亲、一个妻子的责任，更是将不卑不亢的强大信念植入我的心灵，母亲是我人生中的第一个老师。

　　当我立志创造财富改变家族命运的时候，因为年纪太小，我并不懂得如何去挣钱。我知道电影院门口经常有人背着个背篓，裹着一个头巾在卖花生、瓜子之类的小零食。我就去观察他们是如何卖的，一斤多少钱，一两多少钱。之后，自己也这样学着去卖一些小零食……他们是我生意上的第一个老师。

　　长大后，从事了房地产工作，为了能够出类拔萃，将工作做到极致，我一有时间就泡在书店学习装修、材料、设计等知识，终于在售楼行业打造出了自己的"名牌"，我的楼房成了热销品，而那一刻也让我明白了书籍是我最重要的老师。

　　遇到先生，他积极地引导我、启迪我，促进我不断地成长。在最为关键的时刻，也是他给了我最大的支持和鼓励。如今我们身心真正地融合，可以说，先生是我灵魂上的老师。

受先生的启发和影响，我开始学习各种高端课程，从聂枭、刘一秒、杜云生、张国维、陈能文、刘一点、王志刚、范恒星、雷公、谢华、武向阳、林文彩、卢勤、周弘、胡一然、叶俏媚等老师身上不仅发现了自己存在的很多问题，也学习到了很多知识，更是领略到了人生的一种别样的风采，他们是拔高我思想境界的老师。

2012 年的世界舞台，我第一次拥抱了世界，拥有世界视野、民族情怀，并拥有了创办"传奇夫人"的动机、契机和使命，舞台则是让我人生转折的一个老师。

在"传奇夫人"的舞台上，有着千千万万的传奇夫人，她们的故事、精神都使我动容，也正是这个舞台给我一个极尽完美的历练，一步一步地助力我实现自己的使命和梦想，"传奇夫人"更是使我人生升华的老师。

……

"每个人都是你的老师。"这是美国第三届总统托马斯·杰斐逊的名言。我们可以称在街边弹吉他卖唱的残疾人为老师，因为其自强不息的精神值得称道；我们可以称上门推销产品的业务员为老师，因为其永不言败、百折不挠的创业精神令人感动；我们可以称家政清洁工人为老师，因为她们掌握了不少除尘清秽的诀窍……

"虚心竹有低头叶"，只要我们怀着谦虚谨慎之心，像蜜蜂采蜜一样，从**"必有我师"**中**"择其善者而从之"**，每天都可以进步一点点。

请记得，每个人都可能成为你的人生路上的导师。今天，我很感谢我生命中遇到的每一个人，每一次机遇，都有着我需要去学习的地方。

当然，虽然人人都可以成为我们的老师，但是最为有效的学习和快速的提升，就是跟谁学！

和传奇夫人学，你可以变成闪耀女人；
和闪耀女人学，你可以变成优雅女人；
和优雅女人学，你可以变成魅力女人；

和魅力女人学，你可以变成漂亮女人。

孔子曰："取乎其上，得乎其中；取乎其中，得乎其下；取乎其下，则无所得矣。"《孙子兵法》也云："求其上，得其中；求其中，得其下；求其下，必败。"

一定要和那些最优秀的人学，只有高的品德、高的境界、高的眼光、高的对接、高的投入，才会有高的收入、高的地位、高的生活品质。永远要学会攀高峰。

今天"传奇夫人"已经为天下女人打开了这扇高层的大门，我们也真心地期待能有更多的夫人加入我们，让我们彼此学习，共同进步，实现梦想，升华人生。

12. 从舞台到讲台

一个女人，

如何在柴米油盐中还能不断地完善自己？

如何在多种角色的转化中获取更大的成长？

如何让自己在各种烦琐的事物中不断地拥有无限的可能？

如何从自身出发让自己的人生焕发出别样的风采？

不断学习，不断挑战，不断尝试，从而不断进步，不断获得无限的可能！

也正是基于这个认知，我从舞台走到了讲台，开始实践自己人生的另一个挑战。

曾经，在听过了众多的高端培训课程时，我也萌生过当演说家的想法，但是我对自己也有着比较清醒的认知，总觉得自身的积累和时机上都还很欠缺。

然而，自从全身心投入"传奇夫人"大赛之后，我就是她们最为坚强的后盾，我有义务辅导每一个分赛主席及每一个参加赛事的夫人，无论是从思维、格局，还是运营能力、演讲能力、沟通能力、谈判能力……都需要她们有一个全面的提升。也正是在这样一次又一次的沟通、解决问题的过程中，我积累了大量的实践经验和讲话技巧，加上之前在培训课上我也曾有过不少上台的经验，便觉得是时候突破一下自己，也应该站在讲台上给大家分享我的心得。

当时有一个分赛的主席，无论各方面并不比我优秀，但是她已经站上讲台给分赛的学员讲过课，这对我来说是一个不小的刺激，而讲台也是影响选手、感染选手、帮助选手最好最便捷的方式和途径，于是我走上了讲台，开始讲自己的故事，讲自身的蜕变，讲每一个夫人的收获。慢慢地也形成了自己的课程体系，同时也发现站在讲台上，我能够做更多的事情，能更好地帮助其他人。今天，我们的很多分赛主席也都走上了讲台。

也许单从信息传递的速度来看，通过口口相传的效率很低，最简单的例子，看书比听书快，但是为什么"讲"依然这么重要？这里面有一些道理。

"讲"具有时效性；

"讲"可以传递许多"言外之意"；

"讲"需要"言内之意"来支撑。

时效性，强调的是即兴讲的能力。我时常需要奔波于不同赛区之间，每次也都会遇到各种突发事件，有时也需要站出来"讲"，而这样的"讲"往往没有时间准备，这对我来说是极具挑战和考验的，也是最能促进自身成长的一种方式。

"言外之意"，就是讲的那个人的肢体语言、语速、语气、音调等因素可以传达出大量的信息。在传奇夫人的舞台上，我往往会说的第一句话就是：

　　"'传奇夫人'不是选美，没有高矮胖瘦和年龄的限制，只要你有一颗愿意成长的心，一颗助人的心，只要你愿意成为孩子的榜样、先生的骄傲、家族的荣耀、社会的楷模，你就可以来参赛，因为这是一个开放性的平台，就是让所有的人都来这里蜕变成长。"

　　这曾给很多人留下深刻的印象，并不是因为我的用词，而是因为我坚定的语气和自信的神态。如果这句话是出自一个自卑且邋遢的女人之口，效果就会完全不同。

　　"言外之意"需要"言内之意"的支撑，而"言内之意"绝不是紧紧喊几句口号。在讲到我自身的成长蜕变时，我并没有大肆地去讲自己的口号式的决心和使命，我会通过自己小时候的经历告诉大家做决定有多么重要；会通过分享自己真实的学习经历，让大家见识到学习所带来的改变；会通过自己亲身站在世界舞台上的感受和一路的付出与成长，告诉大家"传奇夫人"真正的意义所在……这远比去讲大道理更能打动人。

　　我很感谢"传奇夫人"这个舞台，更感谢她为我提供了一个讲台，能够让自己有更大的空间实现自己的成长，淋漓尽致地施展自己通过学习蜕变而收获的才华。

如今，"传奇夫人"举办了几年后，我每到一个地方都被当成明星来对待，并不是因为我长得漂亮，而是因为"传奇夫人"的良好口碑，大家都知道"传奇夫人"大赛的演讲很好，能够很好地启发自己，帮助每一个人成长。

人生就是一个不断奋斗前进的过程，是不断超越过去、挑战未来的过程。勇敢地亮相舞台和讲台，在挑战自己的同时，也在搏击人生。

传奇能量场·成功挑战自我练习题

中国当代著名作家王蒙曾总结过"智慧的五个层次"：

智慧的第一个层次：博闻强记；

智慧的第二个层次：触类旁通；

智慧的第三个层次：总体把握，多谋善断；

智慧的第四个层次：多向思维和重组；

智慧的第五个层次：想象力与创造力。

只要善于学习、勇于挑战，我们都可以达到以上几个层次。

1. 善于学习、勇于挑战之向未知学习

请你写下"我知道的三件事"：

请你写下"我不知道的三件事"：

2. 善于学习、勇于挑战之找到渠道和方法

你的身边有哪些可以学习的机会?

你的身边有哪些可以成长的平台?

3. 善于学习、勇于挑战之找准要害

你遇到的最大的学习困难是什么?

你克服学习困难的办法有哪些?

第三章
敢绽放，就闪耀

　　每一个女人都是天上一颗闪亮的星星，等待着、寻找着属于自己的一片星空，从而焕发出华彩。就算失败了又怎样？她们尝试过、努力过，也曾改变过，而这就是最美的，这样的光环永远是无可取代的。所以，我想对她们说一句：勇敢地走上舞台，勇敢地闪耀，勇敢地微笑，勇敢地面对一切，只有这样，才能无所畏惧地成长，才能更好地为自己的明天点亮一盏灯。

13. 没有准备就是最好的准备

有些人是天生的"明星"、社交高手，他们最喜欢表演。但是对于我们大多数人来说，想要成为一名自信的"舞台演员"是需要花费莫大的勇气和时间的，更多的时候——

我是被"推"到舞台上的，即使我内心很渴望表演；

我怕自己会发挥失常，即使自己已经有过这样的经历；

我并没有做好充分的准备，即使我为此已经准备了好几天。

而"没有准备""没有充分的准备"也成为很多人面对舞台时最大的忧虑和担忧。

这里我要用自己的亲身经历告诉你们：

没有准备就是最好的准备！

至今我都还记得 2011 年第一次走上世界舞台的情景。当时我和几个很好的姐妹投资开了一个高端养生会所——布达拉。见有人邀请我去参加比赛，这些合伙的姐妹便极力支持，一来她们信任我，二来觉得也可以推广一下布达拉。而我自己也想着去尝试、挑战一番，便欣然前往。

由于从来没有过这方面的经验，想要准备也无从准备，加上自己也没有什么才艺，不过是别人怎么训练我就跟着怎么训练，也没有想太多，只是不断地给自己打气：**不管好与不好，自己已经站在这个舞台上了，我这么普通能站在舞台上，就已说明我很优秀了。**

比赛的时候，采用的是围桌式，观众评委一边看台上夫人们的表演，一边吃饭。整个氛围就是"台上的夫人们，你们慢慢说，我们在台下慢慢吃，我不干涉你，你也影响不到我"。

看到如此情景，我意识到如果自己再按着前面几个夫人的方式去演讲必然不行，我必须讲出一些与众不同的东西来。讲什么？我想到了自己参加这次比赛的初衷，想到了姐妹们对自己的厚望，想到了自己身为一个中国人站在国际舞台上的责任感和使命感。登上舞台后，我说："**现在我在经营一家高端养生会所，我的使命是要让中国形象国际化，国际形象中国化，让中国文化引领世界潮流……**"果然，当我讲出这一番话的时候，台下响起了一片热烈的掌声。

现在，很多参加"传奇夫人"大赛的选手总是会对我说："我还没有做好准备怎么办？"我就会回答她："**没有准备就是最好的准备！**"因为，当你有了准备的意识时，你就会担心这个，恐惧那个，反而会更加影响你的发挥。而当你站在舞台上把你的初心和大爱自然地流露出来，将自己的使命全然诠释出来的时候，评

委和组委会的主席，他们会看得很清楚。

当然，初登舞台难免会有各种担心，即便是演出经验已经非常丰富的艺术家也需要克服自己怯场的情绪。

我曾经和很多参赛者在演出之前和之后进行交流，令我吃惊的是：即使最有经验，看起来最自然的夫人事先也会感到紧张，而事后却完全不同，她们都表现得非常轻松。所以，不要把登上舞台之前感到的紧张当作"没有准备好"，它更应该是振奋我们的东西，可以督促我们的表演发挥到极致。

大家都有过这样的经验，我们最为紧张的时刻往往是刚刚上台的前几分钟，当历经了这几分钟的煎熬，适应了这个舞台时，心态往往也就放松了，甚至可以开始思考如何表现得更好，演讲得更好，如何更好地去打动人心。

所以，你所要做的就是：

勇敢地走上舞台，剩下的交给时间。

当你勇于踏上舞台的那一刻，你就是踏上了一条新的成长之路。

不管这条道路如何艰难，随着舞台上时间的流淌你能够一点一滴找到状态和自信。

一个知名艺术家就曾说过："当你走向舞台时，有些事情是不由你决定的。在没有任何人的时候，你的演出就已经开始了。"在舞台上过多地考虑自己"我必须表现良好""我最好别让人失望""我最好别出错"，等等，只会使你产生不必要的忧虑和紧张。而当你站上了舞台，随着时间的点滴流逝，你会发现自己能够越来越自然、从容。

我们的一生并不是时刻都有登台的机会，一旦这个机会来临就一定要勇敢地抓住，因为对明天做好的准备就是在今天做到最好！

14. 绽放是一种自然纯真的状态

舞台是一个充满活力的地方，你和观众之间应该有一股能量绵绵不断地流动。而这股能量来源于——

你由内而外所散发出来的高雅气质，

你浑然天成的优雅仪态，

你在舞台上的一种自然纯真的状态。

富丽堂皇的酒店大厅早已布置得美轮美奂，一个优雅的身影穿梭于一对新人之间，柔美的嗓音，幸福的表情，再配以浪漫的音乐，她仿佛成了整个婚礼的指挥家，亲切自然地控制着整个婚礼现场的情绪和氛围，所有人的思路和视线不由自主地跟随着她。

是的，她就是这场婚礼的主持人，同时也是我们"传奇夫人"的冠军。

在婚礼结束时，新娘更是满怀激动之情地说："大家请静一静！今天我最感谢的就是高姐姐，她是'传奇夫人'冠军，正是有了她这样的冠军出手，我们的婚礼才能这样温馨浪漫。"说完还鞠了一躬。

我也参加过不少婚礼，新娘会如此激动而郑重地当场感谢主持人的，说实话，这是我第一次遇到。

现在她已经成了当地的"金牌"婚礼主持人和策划人。她说她今天的成长离不开"传奇夫人"。

听着她的这句话，我不由得想起第一次在"传奇夫人"见到她的情景。

那天，她穿着一条红色的长裙，急匆匆地走进培训课，略带歉意地说："不好意思，刚从婚礼舞台上下来，衣服还没来得及换。我们现在开始训练吗？"

一听到她刚从婚礼舞台上下来，我来了兴趣，便问："你是婚礼主持人？"

她点点头。

"那你的舞台经验一定非常丰富，能先和大家交流交流吗？"

她想了想说："其实，也没什么，就是要大胆，跟演戏一样，全程保持微笑，保证流程不出差错就行了。"说完她还即兴表演了一下自己主持婚礼的小场景。

说实话她的台风不错，可给我的感觉有点做作，比如，为了调动现场氛围一些语气会过于高亢，而其配的动作也过于夸张，这样往往会给人很假的感觉。

当时不想打击她的自信心和积极性，我便没有说什么，想着以后等熟悉了，等她真正见识了一些舞台的精髓，再和她详谈也不迟。

没想到，一个赛事下来，她主动来找我了。

她说："你知道吗，在未参加'传奇夫人'之前，我大大小小也主持过不下一百场婚礼，自认为已经拥有了非常丰富的舞台经验，但是每一场婚礼都会有差强人意的地方。那时我总是找不到原因所在，今天看着姐妹们在台上的表现，我知道问题出在哪里了，不够自然，太想'表现'了。"

"传奇夫人"不仅帮她找到了原因，也加持了她的自信，现在她对婚礼主持和策划也有了全新的看法，她认为婚礼是一场庄重而神圣的仪式，是一个见证幸福和把幸福与甜蜜跟大家分享的过程，而婚礼主持人是整个婚礼的灵魂和导演，其一举一动的自然流露和表现都会牵动场下每一个人的神经。所以，她比以往更加珍视自己每一次做主持的机会。

很多女性像她一样，在我们的平台上成为"传奇夫人"之后，不仅别人看她的眼光变了，她自己也会开始重新审视自己，比之前更自信，对她们而言——

"我就是'传奇夫人'！"
"身为'传奇夫人'就要绽放，绽放就是最好的、最自然的自己！"

她们会不断地给自己这种暗示，做自信的加持。然后会带着这样的自信去工作、生活，甚至时时刻刻都流露出一种绽放的状态，慢慢地变成了一种习惯，一种自然的状态。而自然也是最纯真、最能感染人的。

这也是一个普通女人通过"传奇夫人"平台发生的实质性蜕变的过程。

在纷纷扰扰的大千世界中，在琐屑的日常生活中，我们可以通过"传奇夫人"这个舞台感受夫人们发自内心的自然绽放，获得自信、成长，心湖一片澄明，并将这种绽放演绎成了自己的生活态度，一生的美丽姿态。

除了自信的加持，我们也摸索了一些自然绽放的技巧。

从自己轻松的表情和自己的内在开始。

当你站上舞台，你的表现和你在家时的状态是不同的——你会为了想要强调某些方面的个性而抑制其他。但是，只有把真实的一面展示给观众，才能给他们留下深刻的印象。

每次和学员探讨舞台经验的时候，我都会和他们说没有什么能比亲自去做而能更快、更有效地掌握表演的艺术，放轻松些，微笑起来，大胆地说自己想说的话，哪怕是自己身边的一件小事，都会让人动容。同时，我们也非常鼓励学员带着自己的家庭成员上台，这既可以让她们更放松，也更是她们现实生活的一种呈现。

1. 找到你的个性及表演风格

其实，关于如何成功地表演并没有什么特定的规则——必须找到一种适合你的个性的表演、演讲风格，这样才能够帮助你更好更自然地展现自己。

为什么"传奇夫人"的舞台除了冠亚军，还要设置其他"夫人奖项"？因为我们相信不管是台风、演讲风格，还是自身的气度、现实的作为，每个夫人都是独一无二的，每个夫人的表演都有着令人动容的一面，也唯有如此，才能真正地让夫人们更有重点更好地去掌握自己的特点、个性和风格所在。

2. 要控制，别过火

表演是一件令人激动的事，所以它很容易导致极快的"速度"，你会觉得整个流程非常快，仿佛耳旁生风，往往自己还没回过味来，一场表演就结束了。但是千万不要以你无法持续的速度开始一场表演，或者因为太过激动或紧张，把速度加快到令你无法跟随音乐的节奏、扰乱别人的步伐，或无法正确地重复之前的脚步。

另外，不管是舞台还是讲台，没有人会喜欢浮夸的表演及空话和套话，如果没有这样的高度，就不要刻意去拔高。实事求是地讲自己的感受，讲自己点滴的收获，比那些空话、套话更加打动人。

"传奇夫人"是为夫人们提供内在绽放的闪耀舞台，也是鼓励千万夫人与时俱进，勇于争先的服务平台，我们坚信世界上的每个夫人都拥有独一无二的美丽，都能够由内而外纯真自然地散发出女性的闪耀之美。

15. 会演讲的女人更具独特魅力

语言是连接人与人之间沟通的桥梁，其质量的好坏往往决定了人际关系是否和谐，进而会影响到人们事业的发展以及人生的幸福。尤其对女人而言——

卓越的口才及有技巧的说话方式，
是家庭幸福的法宝，
是梦想使命披荆斩棘的利剑，
是增加自身个性魅力的砝码。

毫无疑问，女人的形象固然重要，但是同样不可忽视女人的口才，而演讲则是卓越口才和讲话技巧最为快捷的获得方式，会演讲的女人才是最出色的！

也正是如此，"传奇夫人"除了培养夫人们闪耀的外在，也非常重视夫人们口才的培养，而这块内容在我们的评比中也占据着很大的分量。

在众多的夫人当中，也许单从外表来看，她长得并不高，也不是很漂亮，但却是我们"传奇夫人"的冠军之一，也是最具有感染力的讲师之一。

今天看着她在"传奇夫人"的舞台上闪耀的身影，谁也不曾想到，参赛前，她是一个连睡觉都不敢关灯的人，是一个在女儿心中配不上爸爸的人，是一个总是问着"我行吗？我可以吗？"这样一个自我怀疑的人。

然而就是这样一个不自信、不起眼的人，通过"传奇夫人"的训练及理念的熏陶后，在舞台上，她的演讲让所有人都动容。她先是非常真诚地感谢了身边的人，然后将自己曾经的生活及自己在"传奇夫人"的成长和收获娓娓道来。没有夸大的言辞，没有矫揉造作的神态，一切都那么真诚和自然，又那么富有感染力，讲完的那一刻全场响起了热烈的掌声，她的女儿甚至主动来到舞台旁边激动地说："妈妈，你是最棒的、最优秀的母亲！"那一刻，她喜极而泣。

现在，通过舞台历练的她早已摆脱了曾经的那一份生涩，她可以在孩子的家长会上，自然流畅地发表"真知灼见"；她可以陪同丈夫出席各种聚会，和各位来宾谈笑风生；她可以站上百人、千人，甚至万人的讲台侃侃而谈……在任何场所都可以出口成章，也开始有了自己的团队，成了一名专业的讲师。

所以，一个女人如果没有骄人的外表，也不要为此耿耿于怀，你完全可以通过不断修炼、提高自己的口才，来为你的美丽加分，为你的魅力加分！

很多拥有好口才的女人，往往成为家庭和睦的主心骨。在"传奇夫人"的舞台上，很多女性通过口才学习给了自己一个全新的生活。她们在处理父母关系、夫妻关系、儿女关系及婆媳关系中都游刃有余。

好口才不会让女人变成"刀子嘴"！

现实中很多已婚男性都会抱怨妻子婚后变成了"刀子嘴"，不断地唠叨甚至影响了家庭的和睦。

对于有着"刀子嘴"的女人，其实我是很理解的，她们都是怀着"豆腐心"希望丈夫和孩子好。但是，她们的问题不是在于"唠叨"，而是缺乏口才，一股脑儿地将自己的心思不厌其烦地倾倒出来，从而将自己变成"祥林嫂"。而有着卓越口才的女人，善于表达，懂得说话的技巧，说的话孩子和丈夫愿意听、会接受、能执行，这不仅是家庭幸福的法宝，更是事业披荆斩棘的利剑，增加自身个性魅力的砝码。

好口才的女人演讲时，靠真诚真实打动人！

曾经打败过拿破仑的库图佐夫在给叶卡捷琳娜公主的信中说："您问我靠什么魅力凝聚着社交界如云的朋友，我的回答是'真实、真情和真诚'。"同样——

演讲是一门敲击人们心灵的交流艺术，语言的魅力也来源于真实、真情和真诚！女人只有用"事实说话"，用一颗真诚的心来演讲，才能换来与观众的心灵相通。

1. 讲真实的东西就不会再害怕

很多初登舞台的学员，总是认为自己口才不够好，面对观众不知道该讲什么，这时我就会告诉她们："讲真实的东西就不会再害怕！"当然，这并不是我凭空说出的一句安慰话，而是我自己的亲身体验。

2012年的时候，我还是一个初出茅庐的小丫头，在一次聚集几百位企业家的高端课程上，老师突然让我上台做分享。要面对这么多比我优秀的人上台讲话，我有点吓住了，不安地问道："我要说什么？"老师说："就说说你小时候是怎么长大的吧！"于是我就一边想着自己小时候的经历，一边讲述了起来。刚开始的时候我的声音都是发抖的，但是讲着讲着，我变得自然了，我发现自己所讲述的都是经历过的，心中早已有了"腹稿"，今天不过是在大家面前"重演"一遍，便越讲越放松。当我讲完时，自己都忍不住哭了，同期的学员纷纷跑过来拥

抱我。从那一刻起我就明白了，去讲真实的东西可以让我们克服恐惧，甚至能让我们更好地发挥。

2. 站上舞台，只要你的情感能够自然地流淌，你讲的每一句话都能震撼别人的灵魂

其实站在舞台上，前期可通过深呼吸或往前走几步等来帮助自己克服恐惧。但后期则是要靠你用真情去打动人，其关键的核心就是不要在乎别人怎么看，而是真心实意地去讲那些能让观众、听众受益的故事，用自己的真诚去弹拨他人的心弦，用自己的灵魂去感染他人的灵魂，使听者闻其言，知其声，见其心。想要做到这一点，其实也很简单，就是设身处地地站在对方的立场，为对方着想。

很多学员对我说，听完我的演讲便不愿意去听其他女性老师讲课了。为什么？因为她们的课程很多都是背的，或者是为了某一课程专门去学习了某些知识，其中很少有她们自身的经历，自然也就缺少了真情，无法引起学员的共鸣。而我每一次演讲都是从学员们自身的困惑出发，都是基于自己人生的一些历练，每一次上台都是自己真情的流露，对她们来说也更有帮助。

说话的魅力不在于说得多么流畅，而在于是否善于表达自己的真诚。当我们做到了以上两点，基本也就做到了真诚，这时即使几句简单的话，也能引起大家强烈的共鸣。

美貌是女人的一种竞争力，
良好的口才更是女人脱颖而出的资本。

口才比美貌更具有优越性：美貌是有"保质期"的，并且很大的因素源于遗传，而口才不仅没有期限，还可以靠后天修炼出来。任何一个优秀的夫人都应该修炼口才，用口才加持自己的魅力！

16. 我就是"世界冠军"

舞台上的闪耀，除了光鲜亮丽的外在形象，自信优雅的台风，打动人心的演讲，心态也尤为重要。因为心态代表一个人的精神状态，一个好的心态，不仅能够让人克服舞台的恐惧，更是可以从中汲取强大的能量，保持一种饱满而又积极的情绪。

站在舞台上，最好的心态就是冠军的心态！

我们一直觉得，舞台是一场竞技，更是女人人生中一处绝美的风景，我们可以在风景中成长，成长为别人眼里的风景；我们可以从得到与失去之间修行、蜕变，修的不是输赢，而是一种冠军的人生态度。

其实在 2011 年和 2012 年初登世界舞台期间，我的舞台经验是欠缺的，周围一些小因素的变动都可以引起我的紧张和不适。

比如，2012 年的那场赛事，出场位置的安排对我来说是非常不利的。我们当中身材最好的两个人分别安排在了我的一左一右，加上自己当时还不能驾驭很高的高跟鞋，心里不禁嘀咕：麻烦了，怎么和她们比？颇是纠结了一番。后来转念一想，想到了自己曾看到的《骆驼和羊》的故事：骆驼高有高的好处，羊长得矮有长得矮的好处。

认定了这一点，我便在心中对自己说：不管三七二十一，就把自己当成世界冠军，拿出冠军的气度和高度。于是，我自然地把自己摆放在了冠军的位置，以冠军的气度和风度来展现自己，开始从冠军的角度和立场构思自己的演讲内容。

也正是这样的气度和能量，最终我夺得了冠军。

这场比赛过后，我也深刻地反思了一番，即便这次的比赛我没有拿到冠军，我也像冠军一样地绽放，这就是一种了不起的体验。通过这样的一种体验，我深深地热爱上了舞台，在今后的任何舞台上我都不会怯弱和遗憾。也正是这份热爱，成为我坚持传奇夫人大赛不竭的动力源泉。

如今我已经登上大大小小舞台不下百次，每一次上台我也都是以冠军的心态处之。其中有一次的经历让我非常尴尬。

当时参加一场很重要的赛事，我却感冒了，不断地流鼻涕。当时便有些犹豫、担忧，心想着要不要上台。可是转念又一想，自己是世界冠军，怎么能被这样的小问题给难住，便义无反顾地走上舞台。

可是一站上舞台，我的鼻涕不由自主地流了下来，一开始还能忍受，可是几分钟过后，我觉得似乎马上就要流到嘴里了。但是我知道，我是冠军，必须有冠军的定力和忍耐力。整整十多分钟，我一直强忍着，没有其余的动作，更是没有吸一下鼻子，脸上丝毫不曾流露出任何尴尬的神情，场下的观众也丝毫没有看出我的异样。

事后有一个老师还把我这件事当成一个经典的舞台案例和学员们分享。

所以，把自己当成冠军，在舞台上以冠军的心态和气度来对待，能够给我们带来无穷的能量。

其实，把自己当成冠军，从心理学角度来说，是一种移情技巧。"移情"在心理学上包含两种含义：一是指把自己置于另一个人的位置上，设身处地地感受和理解对方的心情，即站在他人的立场去考虑问题并体验他人的情感；二是把自己内心的情感移入对方和对方一起感受。

把自己当成冠军，就是站在冠军的位置上，设身处地地感受和理解冠军的心情和精神：

冠军是不服输的精神力量，不到最后一刻不言放弃；
冠军是一个闪耀的领袖，必然有着不凡的气度和境界；

冠军是历经赛场的英雄，能够从容地面对荣辱和得失。

当你拥有了以上的认知，便能够以冠军的眼光和高度来看待这个舞台，让赛场因你而沸腾、精彩。所以，我经常对"传奇夫人"的每一个学员说：

必须把冠军的信念和能量植入到自己的心中，
当你把自己当成冠军时，
站在舞台上，你就可以拥有冠军的气度和能量，
走下舞台时，没有真正的输赢，努力了，做到了，就是冠军。

"我可以接受失败，但是无法接受放弃。"世界著名篮球运动员乔丹对篮球的热爱有一种深深的情怀，生命、态度与体育融入在一起，造就了一个伟大的篮球运动员。

今天，"只有热爱，没有失败"，"传奇夫人"的每一位夫人对"传奇夫人"的热爱同样也有着一种深深的情怀，将自己的生命、态度与"传奇夫人"融在了一起，造就了一个个夫人传奇。

同时我也相信，只要站在这个舞台上，每位夫人都是冠军，因为不论是总决赛还是各地区的分赛，"传奇夫人"带来的那份成长、快乐和激情都是相同的！

17. 闪耀是灵魂里的花开

每个人都知道明眸很美，红唇很美，窈窕的身姿很美，用钱买来的首饰时装很美……

但是这样的美是有期限的，经不住时间的残忍。唯有思想的觉悟、善良的内心、高尚的灵魂才能让女人无惧岁月的摧残，而焕发出永恒的魅力。

真正闪耀的女人，是一个灵魂深处散发香气的女人，就像一本书，姣好优美的身姿是封面，智慧的心灵是内页。没有人会无休止地盯着封面看，却会长久地留恋书的内容。

翻开"传奇夫人"2015年那辉煌的一页，我们怀着无比激动的心情走进了北京鸟巢，在这里闪动着夫人们靓丽的身影，洋溢着她们自信的笑容。选手们通过：穿汉唐服饰自我介绍及演讲；才艺展示；魅力旗袍展示；温馨家庭展示；优雅晚礼服展示；25强选手机智问答等环节角逐桂冠！

即便那一夜灿烂的星空也载不动那一刻舞台上的星光璀璨。舞台上，夫人们的美及夫人们的成长，时刻都能触动我们的心灵，犹如天空最耀眼的明星照亮了万千女人的心。

至今回想当时的那一幕，我依然心潮澎湃。我不禁想起她们在"传奇夫人"的每一步成长。从最初的形态训练，到最后的传奇夫人文化理念的植入，打开她们的眼界，实现她们的梦想，坚定她们的使命，由外而内源源不断地给她们注入一股全新的鲜活力量，我们不仅要让她们外在美，更是希望她们灵魂美，这样才不失为完美夫人。而她们那鲜活的生命力，她们顽强和勇敢的精神力量，也让我们铭记难忘。我们应该感激这种心灵的触动，它使我们更加深刻地体会到了生命的意义和价值，让我们欣赏了更多美丽的人生风景。

岁月的轮回沉淀了她们的优雅芳香，时光的雕琢铸造着她们的香气灵魂！

活在这个世界上，很多女人并不会费神地去想自己为什么活着，活着又追求什么境界和层次。

时间让我们的身体成熟，但也带来灵魂的空虚。身体像一个单薄的容器，经不起敲击，即使再华美，也很容易破碎。灵魂则是填充容器的本质材料，每增加的一个知识，每修炼的一个品质，每提升的一个境界，就像在容器里投入一些贴补壁面的材料，使我们身体这个容器多一份厚实和沉稳，慢慢地，躯体和思想相称，才能变得坚不可摧。如果不给身体的容器填入实质的内容，放纵灵魂的空虚，人一旦遇见现实的坎坷，容器就会被颠破，所有的一切也都将面临着倾塌。

想读的书，

想锻炼的身体，

想变得更漂亮的外表，

想获得学员和观众认可的心情，

想写出精彩内容的才华，

想认识更广阔的世界，

想帮助更多的人……

对于这些追求，我一刻也没停止过。

不仅我对此的追求没有停止过，"传奇夫人"让女人自成传奇的使命更是没有片刻的懈怠，我们以世界的眼光打造夫人们的魅力与胸怀、气场与能量，达成她们的社会使命，实现人生境界的升华。

在我们的舞台上，没有哪一场演出是具有决定性的：每一次都是前进、学习和分享过程中的一步，都是一次灵魂的洗涤和境界的提升。

也正是"传奇夫人"的这种使命和文化，"传奇夫人"已经获得众多夫人的认可和热爱，让我们见证了：

心灵上的爱才是永恒的。

众多夫人发自内心地爱着"传奇夫人"这个成长平台。这份爱又为她们的灵魂植入了一股强大的力量，她们站在世界的最高处，没有制约，没有界限，只是单纯分享出自己的能量，继续着自己的传奇人生。

18. 从女人到夫人，从优秀到优雅

岁月塑造了女人，女人又装扮了岁月。

我们在平凡的日子中涤荡了青春烂漫，在流淌的时光中洗去了曾经的张扬光芒，但如歌的岁月也把我们磨砺得一点点高贵起来，儒雅起来，淡定起来，从容起来。

站在"传奇夫人"这样的高处对女人做全新的审视和评估，将女人的一生作为完整的时段去观察和考量，就会发现：

从普通女人到传奇夫人是女人从优秀到优雅的拐点，
当青春不再的时候，传奇女人靠信念支撑着人生，
当窈窕渐远时，传奇女人靠优雅成全生活。

作为一个女人，是一件值得骄傲的事情，尽管被世俗贴上弱者的标签，但是仍然可以演绎自己的千种风景、万般精彩。

在成为传奇夫人之前，我逐渐认识到自己是一个优秀的女孩。

10岁我就有了人生的第一本存折，就可以贴补家用；步入社会卖服装时，我的销售额是最好的；从事房地产行业，我年纪轻轻就拥有了一笔不小的财富；最烂漫的年纪遇到了会开导我、引领我的先生；有三个乖巧可爱又懂事的孩子……我努力、肯钻研、有毅力、能付出，这些优秀的品格在我身上都能找到。

但是我并不是一个优雅的女人！

面对巨额的合同，我也曾内心忐忑；面对先生的追求，我也曾怀疑逃避；第一次走上讲台讲话时，我的双腿也曾紧张地颤抖过；第一次走上舞台时，我也曾窘迫地不知道说什么……我也羡慕那些能够优雅地侃侃而谈从容不迫的人。

真正让我获得优雅能力的是舞台：两次世界大赛的经历，让我能够从容地站在舞台上；"传奇夫人"几百次的舞台分享，让我丰富了内心，对美和人生有了独到的感悟和见解，对优雅更是有着深刻的认知：

优雅是一种感觉，这感觉更多来源于丰富的内心，智慧、博爱，还有理性与感性的完美结合。

一个优秀的女人未必优雅，而优雅的女人一定更优秀，因为她的知识和智慧让人信服，她的细腻与关爱让人敬佩。而这智慧、细腻、关爱，会从她充满迷人女人韵味的举手投足、一颦一笑间流淌出来。优雅的女人是更懂爱的女人，她爱自己，爱丈夫，爱孩子，爱老人，爱朋友，爱同伴，爱工作，更知道如何去爱生活，会用水滴石穿的精神，用智慧来获得爱与尊严。

也正是秉持着这样的一种认知，我——

从不讲课，只讲生活！

从不激励，只讲人性！

从不追求，只去吸引！

从不崇拜，只做自己！

从不闲置，只求绽放！

从当初的懵懂，到当下的通透。

从曾经的无知，进入觉醒并助天下人幸福！

今天"传奇夫人"的舞台上，我们拥有众多的女企业家、女精英、女金领，也有平凡的全职太太、女服务员、女导购……她们正一步一步优雅起来，把岁月沉淀的阅历和日月赋予的灵性在"传奇夫人"的舞台上展现出来，这是举手投足间经久不忘的一种风情，是眉开眼笑间默默无语的一种从容风韵，散发出淡淡而又幽远的清香。

成熟是绚烂之后的平静，是盛开之后的内敛。尽管花会谢，叶会黄，可岁月的红尘依然锁不住身为夫人的优雅气质。

传奇能量场·成功挑战自我练习题

　　成为星光闪耀的女人是每个女性的梦想，我们都希望当自己步入迟暮时，翻翻岁月的"相册"，能感受到迷人的光彩，能触碰到自己高贵的灵魂。这看起来是一件很难的事情，但只要做到以下三点：

1. 拥有靓丽的外在

　　外在的美并不肤浅，她会是女人的一张"社会名片"，请写下你认为的能够让你更美的方法，并尝试着去做。

2. 内在提升

　　内在提升需要循序渐进，不要放过日常的任何小细节，从生活点滴做起，感受心情的愉悦，感受季节的更替，感受生命的延续……

　　请写下那些能够让你拥有成就感的事情，并坚持去做。

3. 提升自我，优雅生活

不为昨天而活，不把希冀寄托在变幻莫测的明天。活在当下，让自己变得宽容，让自己变得更强大。

你认为哪种行为能够提升你的品位和气质？

你认为能让自己变得从容、宽容的方法有哪些？

以上这些你都做到了吗？如果没有，请思考：你喜欢现在的自己吗？你身边的人喜欢你现在的样子吗？十年、二十年以后呢？若想做个有尊严的女人，还是从修炼自己的气质开始吧。

成就荣耀篇

MRS.
LEGEND
传 奇 夫 人

女人一生都在追求爱

对丈夫，对儿女，对家庭，对社会，

从不吝惜自己的投入

也在抒写着

平凡世间最为荡气回肠的荣耀之歌

这是永远不会被外人夺取

永远属于自己的财富

并且富可敌国

——明一梦

第四章
你就是先生的骄傲

　　爱是一场美丽的邂逅，在经历了你侬我侬和无数次的磕磕碰碰后，仍然不放弃对方；爱是在家庭中建立起一种和谐的"规矩"，每一位家庭成员都能乐享其中；爱是一个人的价值观和另一个人乃至家族的价值观的博弈……掌握夫人智慧，做好自己，你就是先生的骄傲！

19. 女人要学会无条件让自己幸福

也许很多女人的一生，只为一个家，有爱人，有孩子，还有一个常常被人提及却又总是不小心被生活遗弃的叫幸福的东西。幸福，是女人一生的期待，也是女人付诸一生唯一想换回的一种最简单的心灵慰藉。

只是很多女人不曾意识到婚姻的幸福从来不是来自于他人，
而是来自于自己。
女人要学会无条件地让自己幸福！

她，曾是普普通通的一个家庭妇女，甚至连妆都不会化。她也曾和很多女人一样，憧憬一份甜蜜的爱情，一个幸福的家。只是始料不及的是，婚后她的生活淹没在了锅碗瓢盆、老公和孩子之间。

由于自己不够漂亮，甚至还有点"黄脸婆"，且有着大把的空闲时间，每天她担心的则是自己的丈夫在外面是否有外遇，每天的主要"功课"就是对丈夫严加审讯，细细侦查。只要丈夫不正常按点回家，她就会闹得鸡飞狗跳，曾让夫妻关系一度紧张，而她自己的生活也日益变得灰暗和不安，多少次她曾痛苦不堪，一遍又一遍地在心里问自己：这就是我当初想要的幸福吗？

认识她后，我鼓励她来参加"传奇夫人"大赛，告诉她"传奇夫人"能够改变她目前的状态，但是她不以为意，似乎还有点心疼培训费。也许在她的观念里，身为妻子、身为人母就应该勤俭持家，将每一分钱、每一份精力都花费在丈夫和孩子身上才是对的，她并没有意识到在这个家里除了丈夫和孩子，还有她自己。

　　我一方面感动于她的这种朴实的付出精神，另一方面又对她的境遇感到悲哀，心中更是认定了要帮助她。于是，我一边向她阐述"传奇夫人"的理念，一边带着她认识一些因为参赛而生活发生变化的"传奇夫人"。终于在这样的感召下，她抱着试一试的态度参赛了。

　　然而，当她出现在舞台的那一刻，她的丈夫愣住了，不敢相信站在眼前的那个美丽优雅的女人是自己的夫人，连连夸赞自己的夫人结婚时都未曾这么漂亮。

　　而传奇夫人的舞台则为她打开了一扇美丽、自信之窗。现在的她从容自信，一改往日的"拷问"作风，更获得了丈夫的青睐。丈夫甚至在朋友圈主动晒起了她的照片，而这之前是未曾有过的。此后她的丈夫对"传奇夫人"推崇有加，逢人就说："这个赛事好，能让自己的老婆越来越优秀，越来越自信。"而她也动情地说："我从来没有想过自己能有这么大的改变。"

　　像这样的案例，在"传奇夫人"中比比皆是。

如果你是一个有能力让自己幸福的人，那么无论你嫁给谁都会幸福；
如果你是一个没有能力让自己幸福的人，那么无论你嫁给谁都不会幸福。
幸福不是一种感觉，而是一种能力；
幸福不是来源于别人，而是来源于自己。

　　我一直很欣赏一句话"这个世界不是谁离不开谁，只是有你更好"，我也始终认为这是对爱情最清醒的认识。那么，爱是什么？爱不是无条件地付出，不是牺牲和奉献，真正的爱既是尊重和信任，也是认可和欣赏，更是理解和默契。所以，"传奇夫人"一直强调的是成就自我，成为先生的骄傲。而成就自我最重要的一点就是学会爱自己，无条件地让自己幸福。

学会爱自己，这样才能真正地去爱别人。

　　通过传奇夫人的舞台，我遇到过不少夫妻关系非常糟糕的夫人，有的因为婚外情，有的因为家庭矛盾，其实很大一部分原因是女人不够爱自己，常常把自己活成了保姆和"丈夫监控器"，这都是迷失自我的表现。

爱自己先要认清自己，"传奇夫人"不仅仅是一个比赛，而是许许多多夫人的一个成长平台，我们帮助夫人们去了解她们自己是个什么样的人，要什么样的生活，然后相信自己可以通过努力去实现自己的目标，实现自己的愿望；在努力的过程中，认可自己的付出，接受自己的成功或失败；同时，在不断的成长中找到自己值得欣赏的地方，接纳自己的所有优点和缺点，让自己从身体到内心都变得越来越完美。

我们也欣喜地看到很多夫人通过努力，做到了这些。在她们身上，内心已经越来越强大，处事越来越柔和；善于沟通，相处时让别人舒服，独处时让自己自在；懂得管理自己的情绪，分配自己的时间，关注自己的成长……她们变得越来越让自己满意，也越来越有魅力。

邓文迪的传奇，不在于嫁给了亿万身价的超级富豪，也不在于她通过征服男人来成就她的世界，而在于她做了别人敢想而不敢做的事情，更或者说是别人连想都不敢想的事。而且她征服的不光是男人，因为在征服男人之前她先征服了的是她自己，一般人很难清楚地认识到自己能做什么，不能做什么，而她知道，她更知道怎么去做自己原本做不到的事情，这种生命的大智慧，是罕见的。

亲情、爱情、友情、事业、健康、爱好等，都不是我们人生唯一的答案，不要把自己活成只有一个支点的女人，希望每一个传奇夫人都能有让自己幸福的大智慧，懂得爱自己、投资自己，无条件地让自己幸福。

20. 你一成不变，男人一定会变

有人说："男人赚钱，女人花，你不花的话会有别的女人帮你花，女人一成不变，男人一定会变。"而太多女人在每一次为自己购买任何一样扮靓的东西之前都会考虑到价钱问题，即使她的老公开的是凯迪拉克，根本不需要为钱而愁。

女人是装饰世界的，男人是欣赏世界的，
当女人的世界不再精彩，他就可能欣赏别的小世界。

曾经遇到过一个选手，她的故事颇令人感慨。

10 年前，她和丈夫结婚，那时她还有工作，两个人一起养家。

3 年后，她怀孕了，此时丈夫的工资已经足够养活一家人，他们商量后决定让她辞职，专心照顾孩子，于是她做起了全职太太。

10 年后，丈夫事业有成，意气风发；而她这么多年来每天不过是围着孩子、老公、家庭转，活脱脱把自己熬成了黄脸婆，不会打扮自己，不懂时尚，不懂应酬。丈夫开始觉得带她出去丢面子，遇到需要夫人出席的时候就找人代替，没想到，在外面的诱惑下，丈夫有了外遇。她知道后，和丈夫吵过、闹过，然而她不敢离婚，离了婚没有工作，孩子也会因为争不到抚养权而离开她，她更多的是不甘心，不甘心自己这么多年的付出到头来一场空。

知道她的遭遇后，我鼓励她来参加"传奇夫人"，并告诉她，遇到这种情况就要赶快审视自己，改变自己，成长自己，当你能在星光大道的舞台上绽放自己的时候，你的丈夫肯定会觉得外面的任何女人都比不上你。她说回去想想。所幸，最终她还是来了。其实我也明白她来时的心情，不过是把死马当成活马医。

为了帮助她，我们做了很多的工作，了解她的家庭情况，除了培训还给她进行了一些私人的心理辅导。功夫不负有心人，她学得很认真，并开始一步一步地蜕变，不管是穿衣打扮，还是言谈举止，简直就像变了一个人。

当她站在舞台上的那一刻，她的丈夫惊呆了，不敢相信她能如此漂亮、优雅，不敢相信她能从容地讲出那番动人心魄的话来。而她的生活也不再囿于孩子、丈夫、家庭，她有自己新的生活圈、新的责任和使命：成为传奇夫人分赛区主席，让更多曾经像她一样的夫人在传奇夫人的舞台上蜕变。

她的经历非常具有代表性，很多传奇夫人都曾有过类似的经历。

相信很多人都看过《爱情呼叫转移》。老公想离婚，妻子让他说个理由，老公理直气壮地回答："你在家里永远穿这件紫色的毛衣，我最烦紫色你知道吗？我最讨厌看见紫色，刷牙的杯子得放在搁架的第二层，连个印儿都不能有，牙膏必须得从下往上挤，那我从当中挤，怎么了，我愿意从当中挤，怎么了，每星期四次永远是炸酱面，炸酱面，还有，你吃面条的时候，能不能不要嘬得那个面条一直打转转。"

应该说这部电影其实跟我们的生活非常贴近。我们身边常常会出现这样的事情：

不管丈夫的情绪有怎样的波动，她永远面无表情；

不管丈夫做了什么事情，她都用一样的方式对待；

不管丈夫取得了多大的成就，她都不会适当地调整自己，让自己无论是在外表还是谈吐上都配得上丈夫的成就。

一个男人长年累月地生活在一种非常稳定的关系之中，看起来他也是真心喜欢这个女人。只是这样的一成不变，说不定哪天就让这个男人心烦意乱了，扔下一句"我不适合结婚"便逃之夭夭，或经受不住外面世界的诱惑……传奇夫人就是要给女人打破这样的一种"一成不变"，挖掘出夫人身上的无限可能，让夫人们明白：

谁愿意天天面对一个不爱打扮、不求上进、懒散、死气沉沉、颓废的女人？

谁不喜欢一个和自己审美、价值观、思想境界各方面都在一个水平线上的女人？

唯有真正活出自我，才能给婚姻充分的安全感。

而要活出自己，就要懂得投资自己。

舍得投资自己，活得更有眼界。

一个女人的气质是书香熏陶出来的，

一个女人的灵性是音乐听出来的，

一个女人的智慧是世情打造出来的，

一个女人的魅力是投资时间和金钱培养出来的……

你不投资自己，谁来投资你？

对一个女人来说，真正的投资不是买两个包、几双鞋子，而是投资自己的眼界。眼界宽广，生活才会变大，才能宽容自己及别人，并以不同的姿态成长起来。

也许可以不谦虚地说，我自身的成长就是一个典型的励志故事。我奔波于各个讲座之间，我走上世界舞台，我创办"传奇夫人"，都是源于我自身眼界的拓展和格局的提升。我今天的成功和幸福，也都离不开一直以来对自己的"投资"。

今天对很多夫人来说，参加"传奇夫人"就是一个最好的"投资"，我们已经用自己的实践给各位夫人铺就了一条快速成长的"捷径"，无论是在外貌、形态、口才、眼界、内涵等方面都打造好了一个女性全面成长的舞台，也见证了千千万万的夫人在我们的舞台上收获幸福。

"读你千遍也不厌倦，读你的感觉像三月"，我们要演绎出女人的完美特质，这是本分也是义务。

21. 做丈夫的"能量补给站"

记得有人曾做过这样的总结：男人在婚姻里的五个需求——相夫教子、能玩到一块、对方对自己钦佩、配偶有吸引力、性满足。

只是很多女人片面地认为"相夫教子"就是在家做好饭、带孩子，其实错了，所谓的相夫教子就是为老公出谋划策，教育、培养好孩子，使其成为社会有用之才。"保姆式"的家庭主妇不但得不到老公和孩子的真正尊重，也得不到社会的认可。**真正好的婚姻就是彼此平等，女人也要为男人撑起一片天。**

这个世界上没有男人不成功，
一旦遇到引爆他的女人瞬间成为盖世英雄！
这个世界上没有女人不幸福，
一旦遇到征服她的英雄瞬间可以柔情似水！

她是一位女企业家，更是丈夫眼中的贤内助。

她与丈夫刚认识的时候，她是餐厅服务员，他是餐厅的厨师，都没有钱，每天下班后两个人最大的"娱乐"就是骑着自行车，在珠江边上描绘未来：挣很多的钱，在附近买一套房子，过自己幸福的小日子。

之后，两个人开始创业，他们不仅是情侣，更是事业伙伴、精神伴侣：丈夫在外经营客户，她则出谋划策经营公司；丈夫每每遇到什么难题，也总是第一个找她商量；每一次的打击和挫折，丈夫也会在她的怀中重获力量……

就这样，两人夫唱妇随、同甘共苦，历尽磨难，把公司经营得有声有色，终于实现了两人曾经的梦想，如今在珠江边上他们已经拥有了好几套房子，儿子送去了美国深造，丈夫对她更是爱如珍宝。他们形成了一种固定的良性的家庭模式：大事面前，妻子尊重丈夫的决定，烦琐小事，丈夫体谅妻子的不易，一里一外两人都配合得非常默契。

从她身上我看到了身为夫人的优秀品质，我也总会把她当成一个典型案例在"传奇夫人"平台上和大家分享。她是一个非常成功的夫人，也是众多夫人学习的一个榜样。

我一直都觉得一个人的幸福快乐一定离不开灵魂的自由，灵魂自由了，内心才会真正地拥有喜悦和幸福，为这份喜悦和幸福去维持夫妻关系也才会更加美好。

所以，和很多夫妻不一样，我和先生从相识、相爱到结婚，彼此都是独立的人，彼此也都是好学的人，而我更没有因为家庭和孩子，而放弃自我的学习和进步，这得以让我和先生共同成长，彼此在人生观、价值观、世界观上始终处于同一认知高度，更是有着超乎寻常的默契。特别是现在，几乎所有事情我们的看法往往出奇的一致，也都能得出一样的答案和结论，不管是家庭、事业，彼此之间也都能为对方排忧解难。这让先生非常珍视我这个"知己"，同时因为我对这个

家庭的付出，他更是尊重我、理解我、爱护我。这个家也给予了我更多的正能量和幸福。

我希望夫人们都能明白，最好的夫妻关系是彼此都是独立的人，彼此共同成长，彼此之间多交流多探讨，这样思想才会碰撞，才会在心灵深处更加地了解对方，成为彼此的灵魂伴侣。

因此，对丈夫来说——

你不仅是一个妻子照顾着他的生活起居，
你还可以是他的事业伙伴为他出谋划策，
可以是他无所不谈的好友，与他分享生活的点点滴滴，
可以是他的心灵港湾供他休憩疗伤，
可以是他最坚强的后盾永远支持鼓励他……
亲情、友情、爱情，创业、经营、成长，你就是他的"能量补给站"。

在传奇夫人的平台上，我们遇到了太多"保姆式"的夫人，她们并没有意识到：有的时候夫妻之间的关系就像是玩跷跷板，只有"势均力敌"才能保持跷跷板的平衡。

也许在中国的传统婚姻家庭关系中普遍遵循着"女主内，男主外"的模式，为此很多夫人不自觉地将自我的注意力转移到了孩子和家庭身上，甚至有些丈夫也会这样说"你照顾好家里就行了，其他的不需要你"，从而忽视了自身的成长。

那么，结果是什么呢？

结果是你见识短浅，你格局受限，你正在与这个世界脱轨，不论是在观念、行为还是认知上，渐渐地，你都不再与丈夫同一水平，你们也不再有共同语言，你慢慢成了"糟糠之妻"，此时，维系着你婚姻的早已不是当初的爱与幸福，而是"责任"。这就是为什么现实中很多人的婚姻关系是靠着一张结婚证或孩子维系着，因为结婚证和孩子的背后是"责任"二字。

为责任而生活原本没有错，责任心也是每个人必备的基本品质，但是完全因为一份责任束缚着对方，彼此在精神上没有完全的沟通、对等、尊重和自由，是无法让婚姻真正幸福、喜悦的。

因此，为了改变这样的一种"跷跷板"倾斜的状态，让夫人们不再处于跷跷板的下方，我们对她们进行了一系列由外而内的训练，修炼气质、提升审美、智慧为人、见识世界……我们只想——

让每一位夫人的外形、气质、圈子与她的丈夫相得益彰，
让每一位夫人的谈吐、胸襟、格局能与她的家庭、她和老公的社会地位相匹配，
让每一位夫人的品质和能力成为丈夫的能量补给站，
让每一位夫人成为丈夫的灵魂伴侣，而不是责任伴侣。

一个女人吸引男人的绝非只有姿色，真正的吸引则是来自内在，只有蕴含足够的一种内在能量，才能让男人更加珍视。

你在丈夫的心中应该就是"第一夫人"！如果还不是，赶快行动起来提升自己吧！

22. 男人可贵的是坦荡，女人需要的是宽容

有人说："男人如枝，女人如花。"我觉得以此来比喻男女似乎再恰当不过了：枝，结构简单，一目了然，光明磊落，经得起风雨，供养花、呵护花；花，婀娜多姿，千娇百媚，淡雅从容，装扮枝、理解枝。它们共同构成了幸福婚姻这棵大树。如果只要求"花"具备应有的优秀品质，"枝"则会疯长，最终"花"凋零；如果只要求"枝"具备应有的品质，"花"则会过度索取，"枝"最终会枯萎。

所以，男人可贵的是坦荡，女人需要的是宽容。

很多人都明白这个道理，但却无法做到，于是世间便多了许多痴男怨女。她就是其中的一个。

她是从外地来参加"传奇夫人"培训的。培训进行到一半的时候，她突然对我说要退出。我觉得很可惜，到目前为止她各方面表现得都非常优秀，同时又很好奇是什么促使她做了这个决定。便找个时间单独约她出来聊聊。

见面时，她一脸憔悴，整个人看起来无精打采。我问她怎么了，她说想和老公离婚。

原来，她在怀孕期间，曾发现丈夫和他的一个女同事发了几条暧昧的信息，还抱怨她粗暴、不通情理。为此夫妻大吵了一架。虽然老公一再保证只是想找个人说说心里话，夫妻俩暂时和解了，但这件事情却成了她的一块心病，只要丈夫一冷落她，便疑心是不是又在外面拈花惹草。

在她培训的这段时间，丈夫从来没有主动给她打过一次电话，每次她与丈夫

联系，他不是困就是累，应付几句就挂了电话或直接关机。她非常怨恨地说："他肯定是趁我不在的这段时间去外面瞎混了。"

听到这话，我皱了皱眉头，批评她说："过去的事情毕竟是过去了，你丈夫也都和你说清楚了，你就要放下。你现在这样疑心、指责他，也许他本来没这个想法的，万一受你的'刺激'真的去外面找呢？难道你想要这样的结果吗？"

"当然不是！"她低着头回答。

"当夫妻关系出现问题时，我们应该先从自己身上找原因。"我说，"先想想平时你是怎么对待丈夫的？"

听了我的话，她有点怔住了。

为了帮她排忧解难，我开始像个心理分析师一样，耐心地引导她将她与丈夫的问题娓娓道来。

通过她的叙述，我大体有了了解。她对丈夫是比较急躁粗暴。为了丈夫没有擦净地板，为了丈夫卖掉了涨得好的股票……每一次，她都是气急败坏，破口大骂，甚至摔盘砸碗，企图以这种粗暴的方式让丈夫朝她希望的方向发展。

我对她说："你的问题的根源在于你对丈夫的'零容忍'，你从来没有像对待朋友那样温柔、宽容、安静地聆听和理解丈夫，当他遇到一个善解人意的女人自然就会被吸引了……"我把她的矛盾冲突一一分解，并给她一些建议。在我的劝慰和开导下，她郁结的情绪一点点消散，脸上也露出明朗的笑容，也答应重回"传奇夫人"舞台。

为此，我还特意帮她联系了婚恋专家专门为她做辅导。辅导过后，她也尊崇专家的建议，开始改变和丈夫的相处方式。

比赛那天，她没想到丈夫居然给了她一个大惊喜，在没有通知她的情况下，丈夫悄然出现在后台并捧着一束鲜花，准备和她走家庭秀。之前她也曾对丈夫提出过这个要求，但是被丈夫以工作脱不开身而拒绝。

现在她和丈夫的感情很好，已成为"传奇夫人"的模范夫妻。

人们常常用大海一样的胸怀来形容宽宏大度的人，而一个女人首先要宽容的是丈夫。

我们总是会对学员们说：婚姻并非爱情的结束，而是一种比爱情深入的另一种感情的重新开始。男人应把一腔热情弥漫在家庭的各个角落，女人则应把一腔柔情融入到每一个平淡的日子里，学会宽容和理解自己的丈夫。

让他自然地和其他异性交往是一种宽容。男人天生喜欢寻找和欣赏异性身上美好的东西，但不是所有男人都见一个爱一个，有好的欣赏力的男人，多半会很好地爱自己的妻子。

在男人"不图进取"时适当地保持沉默是一种宽容。男人的一生当中不可能时时刻刻都一往无前，大多数男人总会有周期性的情绪波动和行为上的调整，他并不总是需要激励，有时适度的沉默，适度的空间也是最好的关怀，最大的默契。

不再对男人指手画脚，当他没做好的时候，一句安慰的话也是一种宽容。谁都不是天生会做好任何事情的，不管是家务还是工作，他们也都要去学习，你对他的一点点肯定，对他来说都是最大的鼓励。

男人有时也会孩子气一些，男人最期待的就是来自身边的女人的宽容，宽容对男人来说是一种实实在在、时时刻刻的需要。

男人的体贴与关爱永不多余，女人的温柔与宽容永不过剩。

在长期的家庭生活中，吸引对方、保持新鲜爱情的最终力量，可能不是美貌，不是浪漫，甚至也可能不是伟大的成功，而是一个人明亮的性格。这种明亮性格的底蕴在于女人怀有孩童般的宽容。希望每一个女性都能明白这个道理。

23. 让你的丈夫培养一个冠军夫人

如果说，嫁给一个成功的男人，只能证明这个女人找到了宝藏；协助自己的男人变得越来越成功，却能证明这个女人本身就是宝藏。那么，娶一个美女，只是一个男人的本能，让妻子变得美丽自信，这才是一个男人的本事。

好的婚姻是通过造就对方来成就自己，
爱，应该是让彼此更加优秀！

有一次别人打趣地和我先生说："你好幸福，娶了一个冠军夫人！"他却一本正经地回答："这个顺序有点问题，不是我娶了一个冠军夫人，而是我培养了一个冠军夫人。"

其实，在我心里也一直这么认为，我这一路的成长离不开他的引导和激励。如果没有他的支持和帮助，也许今天的我也仅是一个夫人而已。

那时，有人将世界夫人大赛的橄榄枝递到我手上时，我想去，又不敢去。这时，先生不仅言语上鼓励我，从报名到参赛，从选衣服到培训，一路他都陪伴着我。后来他和人说："在我的内心，我一直想着帮她实现某一样东西，只要她想，我就愿意帮她。这样她就不会那么没有安全感、没有自信。今天看着她一路成长，我无比的自豪！"

今天，"传奇夫人"帮助天下夫人的使命已经建立了，他也很开心，而整个传奇夫人大赛，从台前到幕后，从策划到执行，他也一直参与，一直帮助我。所以当其他夫人因为担心丈夫不同意而想放弃传奇夫人这个舞台时，我就会讲我自身的经历，告诉她们——

应该给丈夫培养一个冠军夫人的机会，让你们的丈夫更有成就感！

不少丈夫，看到自己的夫人在传奇夫人的舞台上绽放时，纷纷感慨："这是我老婆吗？""天啊，她从来没有这么漂亮过！""我娶了一个冠军夫人！"……往往给丈夫带来的是莫大的惊喜和骄傲，甚至他们还把自己夫人的名字直接改成了"传奇"。记得2014年的时候，就有两个丈夫直接将自己夫人的名字改成了罗传奇和张传奇，因为这对他们来说不仅是夫人的传奇，也是他们自己生命中的骄傲。

所以，当一个舞台摆在你面前时，当一个闪耀的机遇降临到你身边时，不要犹豫，不要顾忌，大胆地和丈夫说出来。你的绽放是双方的共赢，因为当你从他那里获得了肯定和支持、当他从你身上看到了改变和闪耀时——

你会觉得嫁给他这个男人，是自己这辈子最荣耀的事情，
他会觉得娶了你这个女人，是自己这辈子最值得的事情。

当然，有些男人可能会比较传统，觉得女人不能太张扬，特别是一些成功的男士，觉得该适当地保持低调，不能太过"抛头露面"，这时就需要夫人掌握"劝说"的技巧。

1. 讲自己的梦想

梦想是最能打动人的。你的丈夫也曾拥有过梦想，他会明白梦想的迷人之处。大胆地说出你的梦想，告诉他，你还有自己的追求，你还有未尽的人生使命，你

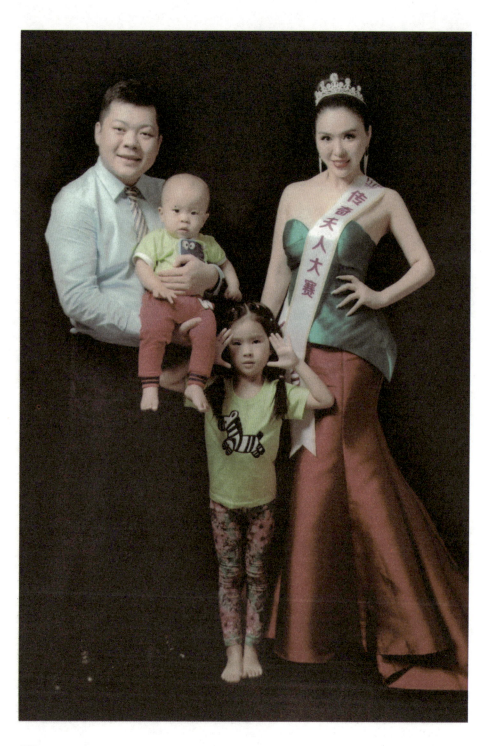

虽是平凡的，但也渴望一次不平凡的绽放。

让他感受到你坚定的力量，

让他对你刮目相看，

让他看到你每一天为这个梦想所做出的努力，

让他亲自体会到你每一天的改变。

我相信终有一天他会感同身受，被你的这份真诚和努力所打动。

2. 讲这个梦想的意义

也许你已经 30 岁、40 岁、50 岁，或者已经有了孙子。但是你的"折腾"不是盲目的，你有着非常明确的目的：

你要通过自己的成长成为儿子、孙子的榜样；

你要通过自己的绽放，改变你们夫妻间一成不变的生活；

你要通过自己的实践，证明自己可以为这个家做得更好。

只要是为了家庭未来的幸福和帮助孩子成长，他一定会支持你的。

3. 和他一起见证其他夫人的蜕变

没有什么比现实更有说服力。有机会带他来"传奇夫人"的训练现场。

他会从其他夫人自信的笑容、优雅的仪态、不凡的气度，

感受到每一个女人都可以不平凡；

他会从其他丈夫骄傲的目光、欣赏的眼神，

感受到妻子成长对自己来说是一件多么幸福的事情。

4. 人世间最美好的感情莫过于"有你正好"

"有你正好"不是一句空话，更是双方实实在在付出的一种成就彼此的行动。每一个男人都应该将自己的妻子培养成"冠军夫人"，挖掘她、支持她、欣赏她，让她在你的手中变成一颗闪耀的珍珠，值得你珍藏、喜爱、骄傲一辈子。

24. 从财富女神到传奇夫人

婚姻是什么？

是三毛笔下的"今生是我的初恋，今世是我的爱人，每想你一次，天上飘落一粒沙，从此形成了撒哈拉"；

是乐嘉口中的"一个女人的品味在于她身边站着一个怎样品位的男人。女人一生最成功的事情之一，便是选了一个对的男人"；

是黄菡眼里的"理想的伴侣不是找到的，是相互创造的"。

但是有的时候，婚姻也是一种博弈，也需要一种博弈的智慧，这对事业有所成就的女人来说更是如此。

她，曾经身无分文，经历事业失败和太多的人生坎坷，起起伏伏之后，她用理想和信念一次次战胜面前的困难，最后凭借自信和自强在化妆品领域潜心探索18年，开创出属于她自己的高端护肤品牌。在外人看来，如此风光无限的她，却有着一段令人揪心的婚姻。

由于她在事业上处于绝对的优势位置，丈夫便在家中沦为了"小媳妇"的角色，忍气吞声，极尽能事地去"讨好"她、迎合她，过着不敢怒又不敢言的生活，为此，丈夫也成了别人眼中的"妻管严"，身边的人时不时会打击、奚落他一番。然而男人终究是好面子的，终于丈夫爆发了，向她提出离婚。她委屈、不解、痛苦，感觉自己的一颗真心喂了"白眼狼"，但她爱自己的丈夫，更是感到不甘心，没有答应丈夫，但二人的关系却因此陷入僵局。参加"传奇夫人"后，她在"传奇夫人"的平台上开启了一段心灵之旅，开始慢慢地领悟到夫妻的相处之道：你荣耀，也要让你的丈夫荣耀。她开始温柔地对待丈夫，并全力支持丈夫创业。今天她的丈夫也有了一番自己的事业，而二人也成了职场的"神雕侠侣"。

有一个优秀的女企业家，则和她完全相反。女企业家有非常幸福的家庭，丈夫以她为荣。而她幸福的秘诀则是将企业管理理念和婚姻相融合，有刚更有柔。她认为爱情进入到婚姻模式后，会被无数的家庭琐事所磨灭，发展良好的婚姻和发展良好的公司一样，都是靠经营出来的，要有好的经营理念：爱、欣赏、沟通、友情、独立。面对爱的表达，她会向老公展示小女人的一面，会撒娇地说："老公，明天就是情人节，我有什么爱的礼物吗？"丈夫不管是在事业上还是生活中，哪怕做出一点点的小成就，她便会出资奖励两人一次浪漫的度假游；不管是自己的事业还是生活，她都会第一时间找丈夫"诉苦"，希望丈夫能够给自己一个"治病良方"……丈夫觉得自己是她的爱人、"军师"、靠山，对她自然也就呵护有加。

是的，"传奇夫人"中也有不少女企业家、女强人，她们住别墅，开名车，有着令人艳羡的职场角色，她们同样也"细水长流，温文如水"，她们是为爱默默

付出的传奇夫人，同时她们更是有梦想、有使命、有担当的优秀女人。

如今的社会，女人早已是真正的"半边天"，她们和丈夫一起创业，像丈夫一样打拼职场，很多都成为新一代财富女神，不论是在职场中还是在社会上都拥有一定的光环，甚至这样的光环已经超过了丈夫。而这也带来了一个新的问题：

男人的骄傲让他们不愿意活在女人的荣耀底下，
女人的"强势"影响了夫妻关系，造就了家庭的不幸福。

这样的问题也是今天离婚率高的一个主要原因。一个家庭，乃至一个社会的和谐，很大程度上是基于男女的一种平衡的力量在维系着，当平衡因为某一方能力特别突出而被打破时，便需要男人或女人中的一方做出"退让"。

当今社会，女性不论是思想觉悟，还是现实中的身份地位，都已经有了翻天覆地的变化，更加独立，也更加理性，往往很容易打破这样的一种平衡。而在家庭和谐层面，女人起着更加重要的作用，女性的"退让"所带来的结果往往也是更加巨大的，不仅可以推动丈夫变得更加优秀，自己也可以收获别样的风采，甚至成就更加强大和闪耀的自己。

所以，如何处理这样的关系？

1. 夫妻一方选择在不同行业再做出一番成就

重新选择一个行业，也许对很多女人来说有点难，但是一旦选择了不和丈夫相冲突的行业，反而更加有利于夫妻感情和家庭幸福。

2. 懂得退居"二线"适当"示弱"

有人说："你把先生当皇帝，你就是皇后。"这说明在夫妻关系中，我们要懂得适当的"谦让"，会退居"二线"，即家里的大事让丈夫做主，给足丈夫面子，同时自己也要懂得适当地撒娇、示弱，尽情展现自己小女人的一面，真正做到——

懂得尊重丈夫也信任丈夫，既拥有他也不迷失自己；

在丈夫陪伴时舒服自在，丈夫忙碌时也悠然自得；

懂分寸、知进退，让丈夫既感觉贴心，却又挂心；

让丈夫知道，无论在爱情里还是婚姻里，都没有谁离不开谁，只不过有他更好。

我想，这样独立自主却又善解人意的女子，这样懂得尊重他、信任他却又不强势、霸道的女子，哪个男人舍得放弃？

在世人眼中，我们是女企业家，是财富女神，但是别忘了在丈夫的眼中我们只是他的夫人，只是一个女人。而一个优秀的丈夫，他所渴望的优秀夫人，也绝不是在事业上能够与其比肩的妻子，他更渴望的是一个体贴、优雅，拥有独特人格魅力，在见识、思想、格局上能与之比肩的人，这才是真正的共同优秀。

传奇能量场·成功挑战自我练习题

　　丈夫是我们在这个世界上最为亲密的人，而一段好的婚姻必然也是彼此的经历共同分享，彼此的行动互相信任，彼此的生活相互交错，乃至形成一种你中有我、我中有你的共生状态。这种感觉会让我们觉得，自己在这个世界上不是孤独的，从而获得一种深深的归属感和充实感。

　　然而，婚姻不可能那么理想，它更是一个不断接力的过程，随着时间流逝，夫妻感情的亲近和疏远已经不取决于曾经的激情和亲密，对夫妻之间的期许和承诺才是维持夫妻感情的关键。所以，维持一段幸福美满的婚姻，我们应该做到：

1. 分享彼此的点滴快乐
请写下你们之间共同的兴趣爱好，并坚持一起去做这些事情。

2. 保持对对方的信任和真诚
写下丈夫让你怀疑的一些行为，并就这些问题和丈夫做一次深层次的沟通。

3. 做出承诺

承诺可能不是夫妻关系的催化剂，但可做稳定器，它可以让我们更多地思考彼此关系的未来，愿意为未来美好的前景用心地付出。

写下你为了改善夫妻关系未来所要做到的三件事。

4. 互相帮助，一起承担彼此的任务

写下丈夫目前遇到的难题。

写下你目前遇到的难题。

针对这些难题，你们打算如何克服？

5. 善于发现和培养对方的优点

你们各自的优点是什么？

你们打算如何进一步提升各自的优点？

第五章

你就是孩子的榜样

　　人类历史长河新旧更替，生生不息，孩子不仅是我们个体生命与意义的延续，更是人类文明的继承和传递者。女人肩负一切具有母性的功能，其中孕育是最关键的，我们既是在养育自己的孩子，也是在发展人类的未来，所以，养育的过程很伟大，而养育的方法很简单，那就是成为孩子的榜样！

25. 相信就是祝福

有人说，女人的一生，都在为了别人而活。前半生，那个别人我们亲切地称之为爱人；后半生，那个别人我们亲昵地呼之为孩子。

一个女人到了一定年龄，都渴望做母亲，本能中的母性就会迸发，承担其繁衍的使命。然而想要完成上天赋予女人的这个使命，"生"只是第一步，真正最为重要的一步在于"养"，成功的"养孩之道"诚如一位教育学家所说：

"教育的奥秘在于坚信孩子'行'。"

和我们成人一样，每个孩子的内心深处，都渴望受到赏识和肯定，这是人最强烈的内在需求。作为父母，我们要坚持不懈地用自己的信任去强大孩子的内心，给予孩子前进的信心和力量。

当我怀第三个孩子的时候，很多人都纷纷表示特别佩服我的"勇气"，因为太多的妈妈都曾深刻地体会过带孩子的艰辛。其实对我来说，带孩子是一件很轻松的事，而我的做法也很简单：**相信孩子**！因为从小妈妈也是这样信任我的。

今天，我对自己的孩子说得最多的一句话也是："妈妈最相信你，只要你愿意，你做什么都能成功！"

有一段时间我忙于工作，陪孩子的时间很少，两岁多的儿子觉得被忽视了。为了引起我的注意，他开始故意对保姆不礼貌。一开始，我没有太放在心上，后来他的言行越来越过分，甚至扬言要赶走保姆。我觉得问题就比较严重了，必须想想办法。

有一次，我见他又要打保姆了，就上前制止了他，并把他的手脚用一条围巾绑了起来。我这么做，只是希望他能安静地听我说话，我相信他是一个懂事讲道理的孩子。

我对他说："宝贝，妈妈不打你（我从来不打孩子），妈妈只是想告诉你如果你需要什么，可以和我们说，打人是不对的。"

但是他边哭边大喊："不行，我要你解开！"

我继续耐心地对他说："其实妈妈把你绑起来，是想通过这件事情让你明白，你打了别人，可能一时间你痛快了，但是打人是不对的，你必须要接受惩罚。妈妈相信你是个敢作敢当的孩子。"

然后，我借故离开，特意让保姆去给他松绑，给他和保姆制造了一次"连心"的机会。通过这件事，儿子不仅认识到了自己的错误，不再打人了，还和保姆的感情非常好。

可能和别人相比，我的教育理念有点不一样，在很多场合我会选择"温柔地坚持"，我的这种坚持是因为我相信孩子他能行，他能懂。

一个妈妈如果相信她的孩子有能力去面对他自己的困境与难题，那么这个相信就是一个祝福，而她的孩子也会因这个祝福而受益；一个妈妈如果老是觉得孩子不懂事，不会照顾自己，一定会吃亏上当的，那么这个担心就很可能成为隐忧，以后她的孩子就会如她之前所担心的那样，总出状况。

相信孩子是激发他们潜能的需要；
相信孩子是他们自身发展的需要。

在现实生活中，当我们被某人充分信任时，就会感觉浑身上下都充满着力量，在我们的内心深处，会有很强的动力支持着我们去主动付出努力，对于达成目标，我们也会相当自信。其实，孩子的这种感受比我们更强烈，更深刻。他们通常会通过父母对待自己的方式来认识和了解自己。

比如，有一次我想给儿子穿衣服，结果他一下把我的手推开，表示要自己穿。他的这个行为说明了什么？说明我再帮他穿衣服就是瞧不起他，认为他没有这个穿衣服的能力。他通过拒绝向我表示他自己能干好，希望我走开。从那以后，我便再也没有帮儿子穿过衣服。对此他不仅表现得很高兴，做其他事情的时候也更加积极认真。

　　每一个孩子的潜力都是巨大的，来自父母的信任往往能够有效地激发他们内在的潜能，如果孩子在我们这里得到的反馈是自己值得信任且有能力的，孩子就会在潜意识中唤醒自己内在的资源去发展这样的能力，使自己在越发自信的同时，也越来越具备解决问题的能力，更愿意展现出自己的美好之处，从而塑造良好的品质。

　　当然，相信孩子不是一句空话，需要我们切切实实地付出实践：

　　相信孩子，就是要时时明确地告诉孩子"我相信你没问题""你一定行"；

　　相信孩子，就是要通过表情、眼神、动作等身体语言不断向孩子传递信任的信息；

　　相信孩子，就是要赋予孩子决定的权力，并支持孩子按照自己的想法去做事；

　　相信孩子，就是要让孩子体会到成功的快乐和失败的教训，无论结果好坏，都要认可孩子的能力，及时给予鼓励，巧妙提出改进意见。

　　孩子的成长是一种生命状态，有其自然规律。孩子其实就是一颗种子，只要我们给予孩子充分的信任与鼓励，我们的孩子就一定会按照自然的机制去发展自己。而我们也能因此真正读懂孩子，走进孩子的内心，使孩子在未来的人生道路上，积极勇敢地面对一切困难和挑战，从容自在地活出精彩人生。

26. 让孩子和自己彼此"独立"

英国心理学家希尔维亚·克莱尔说：

世界上所有的爱都是以聚合为目的，只有父母对孩子的爱是为了分离，一个成功的父母，就是让孩子作为一个独立的个体尽快从你的生命中分离出去，这种分离越早，你就越成功。

所以，我认为对孩子真正的爱就是赋予孩子足够的能量和"自由"！

如果按照一些妈妈的标准来看待我，我可能不是一个好妈妈。因为我在怀着他们的时候穿高跟鞋登上不同的讲台和舞台；我每天只睡四五个小时；我带着他们全国到处跑，参观伟人故居，见中央领导、见总统夫人、见企业家、见形形色色优秀的夫人们；我会因为自己的使命和梦想而忘记了宝宝在我肚子里的存在……

但我相信这是一种"正能量胎教"，当我带着帮助别人成长的这份爱和使命，做每件事情都是发自内心地去热爱和付出时，我能感受到自身每一个细胞都在接收着快乐和喜悦，这是一种极大的"健康"，它们会在无形之中滋养着我的孩子，影响着孩子的品质、气质和气度。

事实证明我是对的，三个孩子出生后不仅非常健康，更是让人省心、省事，同时他们也分别展现出了相当的气质和气度。不管是怎样的大场面，小家伙从来都不会怯场，他们都有自己的判断和想法。

比如，我的女儿，不管多大的舞台从来不怯场，更是有自己的审美，会自己设计造型，3岁的时候，便获得英语口语大赛金奖、少儿模特大赛金奖，并登上了广州体育中心的万人大舞台，受邀广东电视台《小明星总动员》作为表演嘉宾，在广东电视台少儿春晚舞台上荣获优秀演员奖，成为最小的T台模特达

人，获政府颁予的"杰出贡献"小朋友称号；而且她有爱心，有使命，小小年纪便有要开设少儿培训中心去帮助他人的想法，还会认真地去考虑租办公场地、印发传单、做品牌、做连锁等问题，在运营和品牌上也有着很强的规划性。大儿子则是大大的暖男，在我怀第三个孩子的时候，他会和女儿争先给我送钙片，和女儿不一样的是，他每天都会准时提醒我，有着很强的韧性和坚定，想做的事情一定会坚持并得到结果。

当然，不管有着如何的不同，我都不会像其他妈妈那样去无微不至地"关心"他们，甚至在很多人眼中我可能还是一个"狠心"的妈妈。

我的女儿、儿子都是两岁多就被送到幼儿园了。很多人不解地问我："孩子那么小，你忍心吗？更何况家里又不是没人照顾。"其实在我看来，这根本不是忍不忍心的问题，只要孩子始终生活在家这个"安乐窝"里，他们就必然会一直依赖我和保姆，斩断这种依赖的方法就是送他们去一个全然陌生的环境，一切靠他们自己。因为我有着自己的使命需要完成，也无法时刻去照顾他们。

而作为女人，不仅家庭、孩子需要我，社会上还有更多人，需要我去支持、去成就，我不仅希望我的孩子健康成长，更希望因为我的存在和努力，我们的社会和我们的国家能够变得更美好。

除了这个，我对孩子的有些方式在很多妈妈看来更是残酷的。

从幼儿园到我家，中间有着几百米的距离。就这几百米的路，对孩子来说可能要走得很"辛苦"，他们往往提出要求，让我抱。面对这个问题，儿子比较好解决，我经常故意走在他的前面对他说："宝贝，你走一半，妈妈退一半，然后再抱好吗？"尽量鼓励他自己多走一些。

但是女儿就没那么好哄了，她虽然文静优雅，但信念坚定。有一次放学，她一定要让我抱。我拒绝，她就躺在地上，并使劲地用头撞地面。遇到这种情况，相信很多妈妈立马就会妥协了，但是我没有，我知道她自己心里有个度，不会真的把自己怎么样，不过是想威胁我。我当时就对自己说：如果这件事情妥协了，今后她一定会用同样的方式来要挟你，你就会沦为她的"傀儡"。于是在耐心开导无效的情况下，我狠下心真的走了。当然，我也是担心的，走出一段后，就躲在一个角落，静静地等待她不哭不闹，然后站在不远处等着她自己过来。

从那以后，女儿再也没有让我抱过。后来，她就懂得了很多事情需要商量，很多问题都要自己去面对，而不是任性地认为所有的事情一定要按照自己的意愿来做（确实，未来的人生和社会你不能让所有人都按照你的方式去运转，你必须得有独自面对挫折和困难的勇气和办法，这也算是我给女儿打的一个"预防针"了）。

由于工作的关系，我大多时间都是在外出差，但是我从来不会像其他妈妈一样，每天都打电话给孩子们，询问他们今天吃什么了，睡得好不好，有没有人欺负他们……我给孩子打电话只是单纯地因为我想他们了，我也并不担心他们，对于我来说担心本身是没有力量的，更何况是这种"遥远"的担心。

今天，我可以很自豪地说，虽然我的孩子年龄还小，但是他们都非常地独立、勇敢，而我自己也并没有因为孩子而失去了时间，我依然可以从容地从事着我热爱的事业。而带过他们的保姆、老师也都夸奖他们。

可惜在中国，大多数的爸爸妈妈都是"保姆式"的，恨不得包办孩子的一切，牢牢地把孩子拴在自己的身边，为此也是劳心劳力，甚至完全失去了自我。

有一份调查曾指出：有62.0%的家长比其他家长管教孩子严厉；52.2%的家长为孩子安排课余学习内容；37.1%的家长总是会照顾孩子的洗澡、整理床铺或收拾书包等；34.6%的家长经常陪着孩子做功课；26.1%家长经常会检查孩子的日记或通信……在这样的长期关系中，孩子并没有被当作一个独立的个体来对待，而是成了大人的"附属物"。

很多家长所以为的"我的孩子离不开我"，实质上是家长离不开自己的孩子！

回顾一下我们自身的成长。

对于父辈来说，我们的成长宛如科幻，时代变化的陌生感使他们惶恐，面对眼前的瞬息万变，子女成了最保险、最实在的东西。在自己命运开始变得不可捉摸的时候，控制孩子成了他们与真实世界共存的唯一渠道。于是当孩子一旦偏离了他们的预期，就会觉得自己的人生失去了方向，而面对这种控制，我们会发现自己的内心向往着独立，不断地去叛逆、反

抗，于是，家庭矛盾不断地升级，甚至到了水火不容的地步。

曾经我们中的很多人是这样成长起来的，现在我们中依然有很多人像我们的父辈那样想要控制自己的孩子。

所以，要改变这种现状，需要明白以下两个问题。

1. 我们自己先要成长

很多时候我去感召那些妈妈参加传奇夫人大赛，她们拒绝的理由往往是没有时间，怕"冷落"了孩子。可是她们没有想过，很多人在没有成为妈妈之前，往往都是个性十足的，为了孩子渐渐地将自己的个性抹去、棱角磨平，殊不知，这样的平滑只会让孩子围在你身上，难以离开。

不管有没有孩子，我始终坚信自己要不断地学习进步，有了孩子之后，这样的感悟变得更为深刻，你优秀了，孩子才能更加优秀。所以，"传奇夫人"倡导的是成为孩子的榜样，并不是要你强行地去折断和孩子之间的联系，而是要让你重获属于自己的生活和个性，让你可以对孩子说："我是你妈妈，我很爱你，但我同时也是我自己。"从而让孩子看到——

一个在学习和成长的妈妈；
一个在努力践行梦想的妈妈；
一个笃实地工作着的妈妈；
一个敢于绽放自我的妈妈；
一个关注个体和世间秘密的妈妈。

所以，请先保持自己独立而富有个性的魅力，正常而普通地去爱你的孩子。你才不会迷失自我，恐惧孩子的"失控"，你的孩子才能感受到你的爱，同时养成独立的性格。

2. 学会放手，孩子自己的事情让他自己去做

很多妈妈怕孩子吃不饱、穿不暖、学不好，什么都担心，什么都想为孩子亲力亲为。只是你的这种行为很可能是在"低估"孩子的能力，可能让他一辈子都"长不大"。

随着孩子年龄的增长，他们的自我意识也会不断地完善，世界观和人生观也会慢慢建立起来，在这个过程中，我们需要让他们拥有自己的主张和见解，让他们的心灵拥有一个自由的天空，这样他们才会逐步成熟起来。

我的孩子都是从七个多月的时候就开始接受生活的历练了，一岁多的时候就可以自己吃饭，自己穿衣服，自己梳头发，而且比我预期做得还好。我还会时不时地和他们讲生活中的很多事情，每当我做一件事情的时候，也会让孩子们跟着，看着，让他们知道一些人情世故，能够独立地去做一些事情。比如，现在我女儿的舞台经验就非常丰富，俨然一个小明星。

所以，我们要学会"放手"，孩子自己的事情尽量引导孩子自己去做；遇事要与孩子多商量、多沟通，真正让孩子感觉他（她）是家庭中的重要一员；尊重孩子，不要将自己的爱好、愿望强加给孩子。

最后，用希拉里·克林顿的一句话和所有的父亲母亲共勉："我第一次做你的母亲，你第一次做我的女儿，让我们彼此关照，共同成长。"

27. 从小为孩子种下冠军的种子

丽塔·皮尔斯，一位有 40 年教龄的老师，几年前她在 TED 上的演讲，感动了很多人。面对 20 道题做错 18 道的孩子，她给了这个孩子一个笑脸，并且还告诉他："你没有全错，还对了两个"。在她看来——

每个孩子都有闪光的一面，
只要成年人不放弃他们，每个孩子都可能是冠军。

在很多人眼中，我儿女双全，事业有成，每天忙碌而又充实，但是当我怀第三胎的时候，他们非常吃惊，对这种再花时间和精力"浪费"在孩子身上的行为，表示非常不理解。我也总会开玩笑地说："我正在等待下一个冠军的诞生！"

虽是玩笑话，但是我对此深信不疑。

在我看来，孩子一出生就是冠军了，为了生下他，很多战斗就发生了，这些战斗又必须以胜利告终。这个为了达到一个目标而进行的大规模的战斗，其目标就是结合一个宝贵的卵，**孩子能来到这个世界，就已经是一名冠军。**

同时，我也相信我肚子里的孩子，他的未来拥有无限的可能，他可以为人类创造更大的传奇，能为社会做出更大的贡献，这也是一种冠军潜质。

正是带着这样的一种认识和信念，我从小就将冠军的种子播撒进孩子们小小的心灵。

当时，3 岁多的女儿告诉我想要参加少儿模特大赛时，我就非常明确地告诉她"你就是冠军"。

我依然记得那天的比赛情景，看着忙忙碌碌的其他参赛小朋友，保姆鼓励女儿说："今天参加比赛，要加油，表现好一点，拿个冠军回去。"结果她小脸蛋一扬，骄傲地说："我还用比吗？我本来就是冠军啊！"

为何此时她会如此"狂妄"？除去童言无忌，真实地表达自我外，更多的是因为她对自己有这样的自信，她的内心是一颗冠军的心。果然整场比赛，小小年纪的她自信从容，惊艳了全场，最终也夺得了冠军。

其实我知道，即使她没有拿到冠军，她也不会沮丧，她依然会觉得自己就是冠军，因为我已经将冠军的种子埋进她的心灵，冠军的自信和骄傲已经自然地融进她的血液中。

冠军，一定具有最强的信念。

现实中，当孩子告诉父母他们的梦想时，很多妈妈的做法可能是鼓励他们要加油，要努力。可是，和很多妈妈不一样，我已经明确地告诉孩子不是"你想要"，不是"你想成为"，而是"你就是"，从而让孩子站在一种"光荣的想象"之中，获得一份超凡的自信和魅力。

孩子生来就是要做冠军的。一旦有了这样的认识，才能让孩子产生强烈愿望，才能走得更远。

然而，很多妈妈不仅自己不自信，他们对孩子也是不自信，不信任他们的能力，不信任他们的努力，不信任他们的认知能力。

我曾遇到不少妈妈，她们总说："唉，我的孩子怎么这么笨！""我可不指望他这辈子有什么大出息，将来不愁吃不愁穿就好！""学什么都是三分钟热度，这样能做成什么事？""小破孩儿一个，懂得什么，吃好穿好就行了！"……同时还总是拿别人孩子的优点和自己孩子的缺点进行比较，认为和优秀的孩子比较会激起孩子学习成长的动力。可结果往往是：不但百分之百无法达到孩子向优秀者学习的目的，反而和我们希望的结果正相反，会给孩子留下自卑的负面阴影。

如果你认为孩子吃好穿好就行，那是你自身的格局不够！
如果你还不能意识到孩子的无限潜能，那是你对孩子的认识不够！
如果你还无法培养出一个冠军小孩，那是你的方法不够！

孩子是一块璞玉，他自身已经具备良好的品性，想要将这块璞玉打磨成一件艺术品，考验的是我们这些雕刻者的思想内涵和技术技艺。我创办"传奇夫人"也是希望妈妈们能在这个平台上提升自己的格局和内涵，不断丰富自己的内在，不断完善自己的育儿方法，同时用积极的心态去不断引导孩子，帮助孩子从小种下冠军信念的种子，帮助孩子学会公众演说和表演，让孩子成为未来的领袖，帮助孩子树立"冠军的黄金信条"：

拥有伟大的梦想；
拥有明确的目标；
看到目标不畏惧障碍；
必须比任何人都要更加努力；
有实力才有选择权；
懂得感恩。

曾经，我就是这样成长起来的，今天我也相信我的孩子也会这样成长起来。
孩子是我们的未来，每个孩子都是冠军，每个孩子都需要大人的鼓励，需要拥有强大力量的妈妈陪伴，需要我们相信他们就是，他们能做到最好。假如世界上到处都是敢于冒险、敢于大胆思考、勇夺知识桂冠的人，那我们的社会将是何等的壮大！

28. 内心强大的孩子离成功和幸福最近

为什么有的人生活灿烂多彩，而有的人却一生暗淡无光？

为什么本是同一起跑线上的人，最后的生活与命运却迥然不同？

那是因为我们的外在生活取决于我们的内在心境，正是内在的一点点差别，导致了外在的巨大不同。积极的内在可以让我们看到希望，可以帮助我们克服困难；而消极的内在会让我们自我封闭、沮丧不已，甚至会限制和扼杀我们的潜能。这也是提醒我们每一位妈妈：

在孩子的成长过程中，不仅要让孩子学习科学文化知识，更要注重培养孩子内在精神的积极与富足，让孩子拥有一颗强大的内心。

我一直觉得母亲是我人生中的第一个"传奇夫人"。

她很不幸，生于一个"重男轻女"的年代，不仅自己被嘲笑，连带着自己的女儿们也被嘲笑和欺负，为此，母亲心里也很痛苦，但是她并不自卑、气馁，依然兢兢业业地尽着一个母亲、一个妻子的责任。她教给我们自爱、尊严、分享和努力。

小时候，我们那曾流行一个人靠捡废品挣得百万的财富传奇。于是除了去贩卖一些零食、蔬菜外，我也去捡废品。

有一次，我捡到了一块铁，铁是废品里面比较值钱的。可是还不容我有片刻的欢喜，隔壁家就冲出一个人，想要来抢夺。他说："你这么穷不配拥有这个好东西，给我！"但是母亲和我说过：**"别人的东西不能要，属于你的东西也要懂得保护。"**我试图据理力争，结果被那个人打断了腿，住进了医院。虽然如此，我不后悔，我也更加明白了：我们穷，但我们有尊严！

那时，我不但不会像其他小孩那样只会向大人伸手要钱，我还用自己挣的钱给爸爸买 T 恤，给姐姐妹妹买头饰，贴补家用……这时母亲就会无比心疼地对我说："小小年纪就懂得挣钱给家人买东西，真了不起！"她让我明白了，我虽然年纪小，但也可以通过自己的努力和付出让家人穿得更好点，也能为家里出一分力，我也感到自己是有价值的，因而十分骄傲和满足。

是的，从小母亲就将种种强大的精神能量植入到我的内心深处，以至于在我之后的人生道路上不管遇到什么样的困难，我都不会丧失自信，不会放弃，也正是如此一步一步地成就了今天的我。

从我自身的成长，我也感悟出了：外在的世界会是我们内心状态的一面镜子，我们能够用什么样的态度对待自己，用什么样的方法面对周围的人和事物，自然也就会产生什么样的结果。对待孩子更是如此，不同的对待造就不同的人生。

同样的环境下，内心强大的孩子在遇到问题时，能以更加乐观向上、勇敢面对的心态，扫除前进道路上的障碍。

那么，如何正确地陪伴孩子成长，培养孩子强大的内心呢？

1. 引导孩子正面积极地看待问题

比如两个孩子抢东西，想必这种情况下，很多妈妈的做法会告诉大孩子要让给小的孩子。也许孩子表面迫于你的"权威"屈服了，私底下却会认为你"偏心"，觉得"妈妈不爱我了"，得到的是一种消极的情感体验。

当我儿子去抢女儿的东西时，我会这样引导女儿："宝贝，妈妈知道你现在很难过。但是妈妈请你思考一个问题，为什么弟弟要抢你的东西？一个不好的东西他会不会去抢？这说明你的眼光很好，你的东西很漂亮，也正是因为如此，弟弟才想来分享你的好东西。"瞬间就将女儿的思维调整了，把别人抢她东西的痛苦变成了她的价值存在感，同时我进一步引导她："你是希望未来所拥有的东西都被别人认可、喜欢，还是别人都看不上？如果你希望别人认可，不和别人分享，别人又怎么认可呢？"通过我的这一番引导，女儿不仅主动和弟弟分享了她的东西，还觉得自己特别有眼光，了不起。

所以，作为父母，我们不可以把自己的焦虑及消极情绪传导给孩子，而是应该引导孩子去发现、发展自己的优点，从而拥有自信、努力、分享等优秀的内在力量。

2. 让孩子坚持做正确的事，做自己想做的事

一个有主见的人，不会偏听偏信，能倾听不同声音，采纳不同意见，一定离成功更近！

一个内心强大的人，不以他人的标准来评价自己，一定离幸福更近！

所以，我并不会太过限制孩子，控制孩子，而是让孩子坚持做正确的事，做自己想做的事，不被群体意志绑架。当他对事物有自己的看法、对问题有自己的思考的时候，才会在面对困难的时候，有自己的解决办法。

我的女儿是个小大人，每次看到我化妆，她不仅自己要化，还要给我化，往往耽误我很多时间。很多妈妈遇到这种情况，通常会表现得不耐烦，一句"我很忙"或"你不会"就把女儿赶到一边，不让她打扰自己。可是每次看到女儿这么兴致勃勃，我总是任由她"胡作非为"，我们还会一本正经地研究发型合不合适、口红的颜色搭不搭配等问题。我也积极听取她的建议。也正是这样的体验，我女儿做什么事情不仅非常有主见，同时也非常地主动、积极、乐于付出。

3. 面对"为什么"，鼓励孩子多思考，凡事有自己的见解

孩子是一部"十万个为什么"，他们的小脑袋里装满了对这个世界的好奇。当他们问我"为什么"时，我一般的做法是即使知道最正确的答案，也不会马上告诉孩子，而是问他们是怎么想怎么看的。有的时候我还会装傻充愣，时不时地请教"为什么"，既引导孩子多思考，又给孩子树立了勤学好问，甚至是不耻下问的榜样。

所以，尽力去理解孩子的世界，而不是以成人的标准去判断、贴标签。久而久之，孩子的"主见"就来了。

在这个压力越来越大，安全感越来越少的世界里，让孩子拥有一颗强大的心灵成为我们唯一能把握的事情，也会是我们献给未来最为美好的一份礼物。

29. 有梦想自己去实现

经常有妈妈们聊起：要孩子是为了什么？传宗接代？养儿防老？

曾在一本书里看到一个很感动的答案：

为了参与一个生命的成长，参与意味着付出与欣赏。

孩子不求完美，不用替我争脸面，不用为我传宗接代，更不用帮我养老。他们再小也是一个独立的个体，也是人类的一员，是社会的一分子，他们有自己的思想、有独立的意识，有自己的成长使命。

从小我就有"舞台梦"，可惜迫于现实的种种因素，一次一次地与这个梦想失之交臂。在怀女儿的时候，有一次在电视中看到一个七岁小明星，在舞台上能歌善舞，不禁再次回想起了自己小时候的"舞台梦"，心想：如果我的女儿也能成长为这样的小明星多好啊！然而当女儿真正出生时，我并没有刻意地让她往我所"向往"的方向发展，因为我觉得让她自然成长，根据自己的意愿选择自己热爱的事情就好。

可能是我比较幸运吧，女儿很喜欢舞台，加上总是和我一起参加各种培训、演出、演讲，小小年纪的她也练就了不错的舞蹈、T台基础。3岁参加少儿模特大赛，在万人舞台上获得了人生的第一个冠军，之后，她成了电视台、广州体育馆最小的模特和表演嘉宾，像我曾经羡慕的小明星那样在舞台上闪闪发光。而她也是相当独立、有个性的，上舞台的时候，造型、服装等都是自己指定，我也从来不干涉。

我经常和女儿说："宝贝，你是宇宙的宝贝，你只是借着妈妈的肚子来到这个世界，你拥有的是宇宙的智慧和能量。"这并不是我来了兴致时哄小孩子的一句话，而是我真心地认为——

我们不能自私地将孩子认定是自己的"私有财产"，他（她）是属于全人类的，他（她）拥有全人类的智慧，我们不能自以为是地指定他（她）成为我们规划的某一种人。

也正是在这样的一个大前提下，我对女儿的教育很"宽松"，从来不曾把自己的梦想强加在她的身上。今天她小小年纪会选择舞台，能够在舞台上闪耀，也全出自于她的"本心"，而我的作用也仅仅是"影响"。

可惜很多家长意识不到这一点，总是打着为孩子好的名义，逼迫着孩子去实现自己不曾实现的梦想：弹钢琴、学跳舞、下围棋、说英语等，还得成绩优秀，当得好班干部——逼迫着孩子成为"十项全能选手"；将自己出人头地的理想绑架在孩子身上，而衡量着一切的标准就是成绩……可是你想过没有，你都做不到的事情凭什么要求孩子做到？

我们无权为孩子选择梦想，更无权让孩子为我们的梦想埋单。我们应该做的，是自己也脚踏实地做起来，那样，我们才有可能引领孩子为自己的梦想而奋斗。

在我们的心目中，自己的孩子都是那么顺眼，虽然他可能英语不好，也许他数学不好，也许他画画不好……又怎么样呢？他善良、他开朗、他心灵手巧……可是，为什么后来我们的标准变了？我们的要求变了？因为我们用自己的梦想绑架了孩子。

我曾看过一个采访妈妈和孩子的视频。主持人让妈妈给孩子们打分，满分十分，没有一个妈妈是给自己的孩子打满分的，大部分在六七分，好一点的在八九分，可是无一例外，所有的孩子都给妈妈打了满分，甚至远远超出了满分。

不论我们做任何事情，孩子都会接纳我们，不管怎么样，孩子都会无条件地爱我们。这就是我们的孩子，和他们无条件的爱。而作为父母，必须吃饭我才爱你，必须乖我才爱你……仔细想想，是不是很多人都这样做？我们给孩子的，难道只是有条件的爱吗？

所以，让孩子成长为他们自己，按照他们自己的样子，不要扭曲。苹果树上不会长出桃子，玫瑰花不会开成月季，每个孩子都有他的"花期"，允许他们慢慢地长大。

放下我们的攀比之心，
柔和我们的目光，
温柔我们的语言和肢体，
肯定地告诉我们的宝贝：你是唯一的你，你必将长成你自己，最棒的自己。

至于如何去成长，他们有自己的方向。不要强迫孩子一定长成我们希望的样子。那仅是我们的梦想。有什么理由让孩子实现我们的梦想呢？孩子的世界属于他们自己，他们才有唯一的决定权。

每一个孩子都是一条大河，我们是大河的守护者，我们做任何事情，都不能改变大河的流向，我们所要做的只是陪伴，在他们身边，陪伴他们成长。我们不能更没有权力对他们指手画脚，只要陪伴，仅此而已。也唯有如此，未来人类的历史长河才能更加的流光溢彩，闪耀全人类，闪耀全宇宙。

30. 你荣耀，孩子才会以你为傲

教育学家说孩子生来都是一样的，不存在什么起跑线的差别。实际上孩子有起跑线吗？当然有——

妈妈的高度就是孩子的起跑线，
妈妈的思想、成就有多高，孩子就能飞多远。

也许在很多人眼中，我的教育可能有点"超前"，孩子那么小，就和她讲梦想、使命、魅力，她能听得懂吗？我甚至还鼓励女儿在舞台上"试水"，鼓励她上台进行有偿演讲，通过实实在在的现实中的物质来充分认识到自身的价值。事实证明我的这种做法不仅对，还取得了卓越的成效。

在女儿四岁的时候，我和丈夫陪她坐飞机去参加全国英语口语晋级赛。

飞行过程中，我对女儿说："宝贝，真是太感谢你了，因为你参赛，爸爸妈妈才能陪着你坐飞机。"我的焦点是放在坐飞机上。因为对很多小孩子来说，坐飞机是一件神奇而骄傲的事情。

但是，女儿却一本正经地回答我说："妈妈，我觉得这一次最重要的不是坐飞机，而是我能不能成长。"

听完她的话，我深深被震撼了，一个四岁的孩子，她关注的不是坐飞机，而是自己的成长，坐飞机是物质的，成长是灵魂的，这么小她已经拥有了一种"灵魂的思维"。

现实生活中，女儿的讲话也非常有高度，一讲话就有一种引爆力，有时不仅让我们这些大人惊喜，更是深深地感到汗颜。

而这样的一个培养过程对我来说并不需要花费什么心力。从小我就带着她到传奇夫人比赛现场，对女儿来说，根本不用教，每一次站上舞台，我的每一次演讲，她都看在眼里，并且本能地去模仿，久而久之便内化成了她自己的东西，她自己的思想。她更是以我为荣，见到谁都一脸骄傲地说："我妈妈是传奇夫人！"

作为父母，我们都对自己的孩子怀有这世界上最美好的期望，我们愿意给孩子更多的关爱、陪伴和帮助，希望孩子能够拥有良好的品质、卓越的能力和高贵的人格。可是孩子不会因为听到些规矩就把自己变优秀，在他们心智并不成熟的时候，家长的一举一动都会印在他们的心里，因为我们就是孩子最初的榜样。

只是当我们意识到自己对孩子的重要作用时，也要明白——

孩子也"势力"，
你不够优秀，不仅无法给他（她）一个"高起点"，可能还会被孩子嫌弃一生！

其实，随着社会经济的发展，贫富差距的出现，单一的社会价值观和功利的社会心态，出现孩子"嫌弃"爸爸妈妈的原因也不难理解：他们的价值观日趋成熟，也有虚荣心、攀比心。只是当我们看到孩子嫌弃我们时，舆论都一边倒地认为孩子错了，实际上有可能是我们错了。

在传奇夫人的舞台上，我们经常会遇到这样的妈妈，她们尽心尽责地为孩子为家庭付出一切，但是在孩子眼中她们并不被"当回事"，因为不够漂亮，不够优秀，不够格局，每日不过是在柴米油盐的层次上对这个家无私地奉献，慢慢把自己熬成了"黄脸婆"。

所以，我们想要培养出一个优秀的孩子，就先得问问自己能不能做出优秀的榜样。

给孩子再多的爱，还不如给他展示优秀的品质，
这才是孩子一生都取之不尽、用之不竭的力量和堂堂正正站在这个世界上的
根基。

在传奇夫人的舞台上，曾有这样一个荷兰选手，她报名参赛的原因很简单：因为她的女儿想上台，她就要站上舞台，成为女儿的榜样。比赛那天，她的丈夫没有来，她就带着女儿自信而骄傲地走在传奇夫人的舞台上。

看着她们面对观众时一脸满足自豪的神情，我知道这样的舞台经验对她女儿来说也是尤为宝贵的，她体验到了积极、自信、荣誉的力量。现在她的女儿已经是模特大赛的冠军了。而她也通过这样的一个舞台，让女儿认识到了自己的成长和魅力，在她女儿眼中妈妈就是最了不起的，有了这样一个妈妈，今后她女儿的一生必然也是自信和骄傲的。就像很多传奇夫人一样，通过自己在传奇夫人平台的闪耀，使自己的形象在孩子的心目中日益高大，给孩子的人生注入一股自信、冠军的精神力量。

妈妈的高度就是孩子的起点，

你荣耀了，孩子才会以你为傲！

是的，通过"传奇夫人"这个平台，我们希望每一个妈妈告诉孩子的是"生活不止眼前的苟且，还有诗和远方"，而不是"你看隔壁家的××，比你强多了"或者"你怎么这么笨，以后人生怎么办"……

妈妈掌握着孩子的起点，决定着家庭的生活方式，影响着家族的未来。作为妻子、母亲的你还有什么理由不成长？

传奇能量场·成功挑战自我练习题

有人说过这样一句话:"一个民族的较量就是母亲的较量。"还有人说:"推动摇篮的手也是推动世界的手。"德国著名教育家福禄培尔也曾说:"国民的命运,与其说是操在掌权者手中,不如说是掌握在母亲手中。"

为什么这么说呢? 因为母亲的素质决定着人类和民族的未来,几乎所有人所受的早期教育都来自母亲,母亲的教育是"根"的教育,是"源"的教育,作为孩子一生中最重要的人,母亲智慧的形象将点亮孩子生命的辉煌。

1. 以孩子的角度认识自己,改正自己

我们道德上的瑕疵和言行的不端,表面上看,无碍家庭生活,但是,孩子往往是大人的影子。如果母亲为人善良温和,懂得持家理财,乐于助人、乐观开朗、能吃小亏、勇于承担,那么她的这种思维方式和好习惯会潜移默化地传给子女。在两代人的互动中传递文化,一步步引导孩子认识整个世界,并让好的言行成为孩子的一种习惯。

和孩子做一番深刻的交谈,写下孩子对你的评价。

你的哪些喜好和行为习惯,正在被孩子有意无意地模仿学习?

针对孩子对的评价和言行,你将如何改变自己?

2. 提升自己的素质

妈妈的文化素养影响孩子的思考，有文化的妈妈绝对会影响孩子的思维，如果是文化资深的妈妈似乎就更能影响孩子的深刻思考。就像一个还不会走路的孩子在大人手牵手的带领下慢慢学会走路一样。

你最想提升自己哪方面的素养？希望通过什么样的渠道获得提升？

你身边有这样的渠道吗？如果没有你又将怎么办？

3. 拓展孩子的成长空间

妈妈的善良和大爱是成就孩子有良好人际关系和事业平台的关键；妈妈的眼光、心胸决定着孩子的前程是否远大，胸怀是否宽广。

你带着孩子参加过哪些"大场面"活动，参加的时候孩子是怎样的心理？

你的孩子是否登台过？为什么？

未来你还希望带孩子参加哪些活动？

第六章
你就是家族的荣耀

　　"家"，是女人的标志，是女人的作品；家族兴旺是女人的骄傲，家庭破败是女人的失败。男人如山，"山"突兀于世，傲然寒暑，没有男人的山虽不巍峨，但不会垮，哪怕它残缺；女人如水，"水"滋润生命，永远低调，没有女人的家不灵秀，哪怕金碧辉煌，但是名存实亡。女人决定了上一代人的幸福，这一代人的快乐，下一代人的未来，女人的辉煌就是家族的荣耀。

31. 女人具有使家庭生活舒适的天性

莎士比亚说："女人应当具有使家庭生活舒适的天性。"作为一名新时代的女性读莎翁这句话，我觉得"应当"这个词可以去掉，读起来会轻松很多。

而通过我自身的成长及见证了许多夫人们的成长，我也更加认定了：

每一个女人都具有使家庭生活舒适的天性，
一个家庭如果没有一个贤惠的女性，那便是一种遗憾和损失。

我说过，我的母亲是我人生中的第一个传奇夫人，这份传奇不仅仅在于她对我们的教育，更在于她对我们这个家的维护和付出。

小时候，因为贫穷和偏见，我们家饱受轻蔑和欺凌，但是母亲仿佛一道无形的屏障，一面为我们遮挡流言蜚语和明枪暗箭，一面尽自己所能，用温柔、自信、有序为我们努力修葺着一个温暖有爱的成长空间，让我们能够获得最大安慰，汲取成长的力量。家对我们来说，就是最大的庇护所，最大的能量场。

那时，身为一家之主，农闲之时父亲常常要早出晚归，干体力活贴补家用。母亲很体谅父亲，经常对我们说："爸爸每天很辛苦，有好吃的要给爸爸留着。"同时在细节上都要突出爸爸一家之主的"地位"。比如，晾衣服的时候，从来都是爸爸的晾在最上面一层，我们的晾在下面一层。

也许，有些人会觉得母亲的做法似乎很"封建"，但是我们明白，这是母亲在给我们"立规矩"，在捍卫爸爸一家之主的尊严。时至今日我更是明白了，这是一个家庭最为健康的伦理纲常：有爱，有秩序，有尊重。我非常感谢母亲为我们营造了如此良好的家庭氛围，打下了如此良好的"家庭底子"。

那时，每当我受到欺负，第一时间想到的也是母亲，她总是会用朴实的话语，抚平我的情绪，激励我成长。

因为有母亲，这个叫作家的地方，不仅让我们饿了渴了可以有吃有喝，累了倦了可以歇息酣睡，病了伤了可以在此静养，而且当我们失败了、跌倒了，所有人都嫌弃我们、躲着我们，全世界都转过身去不理我们时，这扇大门依然会温暖地为我们而开，而我们可以互相依偎、温暖，整个家虽然贫穷但也温馨舒适。

今天，我已为人母，从事了女性成长事业，通过"传奇夫人"这个平台，看到夫人们一个个成长着，看着她们一步一步地用勤劳、智慧和爱心把这个叫作家的地方打理得干净整洁、井井有条并营造着温馨氛围，让丈夫、孩子、家人生活得舒适有序，更是明白了，一个女人的习惯、性格、脾气、品性都能够决定家族全体成员的身心健康以及全家的生活品质，甚至决定这个家庭在社会的气场。

当然，在传奇夫人的平台上，我们也遇到过许许多多家庭破碎，或存在各种问题的夫人。这类夫人，往往都是很能干、很强，甚至还很聪明、贤惠、富有牺牲精神。可是为什么这样的好女人得不到好报？

男人问题——有地位有钱而变坏；

家人介入——导致矛盾；

女人问题——个性太强，处理问题方式过于强势，把自己的个性和欲望都张扬到最大化，导致关系破裂。

所以，我们总是对夫人们说，作为女人想要经营好一个家，都不应该绕过以上三点，它值得我们去反思和警觉。因为一个人的性格越强，处理问题的方式方法就越容易独断，对他人就越有侵略性，从而整体上给人强硬的感觉，强硬多了，温情就少了，爱也跟着消失了。

也许对女人来说个性若不强，日子可能就过不好；但若个性太强，不能很好地节制自己的控制欲，缺乏妥协和顺服也不行，如女人把小气和偏执个性结合起来，家庭弹性就非常有限，容易紧张或断裂。

就像我们曾经遇到的一个夫人，她非常能干，也很强势，总想着把孩子和丈夫控制在自己手中，然而事与愿违。当她控诉丈夫的不忠，孩子的不敬，家庭氛围的压抑时，我们对她的引导则是先审视自身，调节自身，先让自己"柔软"。人活这一辈子，究竟什么是我们必须要有的？其实，真正需要的就是良好的心态和闲适的心情。也正是在众多夫人的耳濡目染下，她开始收敛自身的锋芒，慢慢地向家人展现出自己原本温和、善良的一面，家庭也重新回归完整和幸福。

也有一些夫人，一点都不强势，但是家庭关系常常处于"剑拔弩张"的状态，不是夫妻不和，就是亲子关系紧张，不是与婆婆矛盾重重，就是和邻居"老死不相往来"，常常因为一些鸡毛蒜皮的小事而闹得鸡飞狗跳，甚至家庭成员之间的关系如履薄冰。

家庭和睦的标准是什么？

是家庭的每一个成员都能发自内心地感到放松、舒服，这样的生活氛围才是最温馨的。

一个女人是家庭的"主心骨""精神源"，好家庭出自女人之手，不和谐的家庭同样也会源于女人之手。

如果你的丈夫已经开始对家感到厌倦或疲惫；如果你的孩子已经开始用嫌弃的目光看你；如果你的邻居、好友不再登门拜访；如果你或家里的任何一个人常常因为一件小事而情绪暴躁……也许你真该停下来反思反思了：是你和他人的沟通有问题，还是你性格有问题，抑或你处理事情的方式方法有问题……并找到解决的办法：

让自己变得更柔和些，会用亲情和爱情去滋养丈夫；
让自己接受理解孩子的一切，陪伴孩子健康成长；
让自己包容宽厚，善待家里的每一个成员；
让自己即使对家外的人，也会心存善念，力所能及地伸出援手；
让自己自尊自爱更自信，有自己的事业和精神追求，不人云亦云、随波逐流；
让自己明大义、识大体、顾大局，家里家外都是一把好手。

有句话说得好："所谓的高情商，就是与人相处，让人舒服。"在 2014 年世界传奇夫人大赛举办全国总决赛时，我怀着九个月大的二宝走进会场；在 2017 年世界传奇夫人大赛全国总决赛的舞台上，我又带着腹中九个月大的三宝，跟大家一起分享家庭幸福的智慧。都说女性怀孕脾气会变大，容易暴躁，其实不然。一个控制不了自己情绪的女人一定是不成熟的，也是非常可怕的，因为家庭中的很多矛盾多出自"情绪污染"。而拥有高情商的女人，即使家庭情况复杂，也能通过理性的考量，找到周全而又体面的解决办法，婚姻、家庭同样能够把握得好，甚至善良和爱所带来的包容会让很多家庭问题都不是问题，最极端的例子就是，继母也完全可以做得跟亲生母亲一样。

每个女人的天性都是善良、温柔的，都具有让家庭生活舒适的天性，如果你的家庭生活不尽如人意，你要做的就是找到挖掘和释放自己天性的方法、方式。

32. 女人决定男人事业的高度

曾有一个著名的美女主持接受采访时说：一个男人最高的品位就是他选择的女人。一个男人的房子、车子、打火机、西装，当然都可以成为他品位的一部分，但最本质、最真实表现一个男人品位的是他选择什么样的女人。

女人决定了一个男人的高度，选择了什么样的女人就等于选择了什么样的人生。

女人的深度决定一个男人事业上的高度，选择了何种深度的女人，就选择了何种高度的事业。

前面谈过，我的婚姻曾出现过危机，我除了不自信外，也有"风头"大过先生的原因。当时我果断地选择退出自己征战已久的房地产事业，因为我爱先生，我想成全先生，保住自己的家庭。因为在我看来：**女人为情而活，只要情感不幸福，一切都苍白；情感不幸福，子女难以幸福；情感不幸福，生命难以绽放。女人只要情感幸福，一切都会拥有。**

只是让我没想到，这个做法更成全了我自己，可以说是让我们两个人都相得益彰，不仅在精神上互相鼓励和支持，更是在实际的事业中互相成就。

退出房地产行业后，我就把自己积累下来的资源和人脉全都转移到先生手上。

当时，先生曾开玩笑地问我："舍得吗？"

我毫不犹豫地说："为了你，舍得！我也相信你会比我做得更好！"

果然，我的退出给了先生一个更大的发展空间，充分发挥了他的才华。

他认识到个人的力量再大也大不过团队，而当时团队的很多成员学历和素养都不是很高，为了提升他们，他开始高薪聘请培训老师，建立了一套包含入职培训、岗位培训、技能培训等在内的课程体系，把一个传统型企业转变成了一个学习型的企业，并树立了良好的企业文化。而这一点，我是达不到的。现在他已然成了行业翘楚，大家都很认可他、敬重他，也竞相模仿他、学习他。

我则选择继续学习和成长，不断地穿梭于各种高端培训课程，更是全心全力从事"传奇夫人"的事业。期间，我自己也开始不断地蜕变，先生也成了"霓虹灯背后的男人"。他从来没有在"传奇夫人"的舞台上出现过，但是每当有大赛或其他活动的时候，他便会给我出谋划策，帮我找资源、谈合作、设计流程……而"传奇夫人"更是由外而内地极大地改变了我，改变了我的家庭，更让我明白了——

一个家庭，唯有"阴阳协调"，才能幸福美满。

对我来说，历经传奇夫人的舞台、讲台洗礼，再看自己当时的选择，真是觉得明智。当时自己的格局比不上先生，如果继续留在房地产行业，必然也成就不了这样的局面。对先生来说，他的夫人不仅最初在事业上给了他莫大的帮助和支持，还为天下女性创办了传奇夫人这个成长平台，真正找到自己热爱而充满使命感的事业，还可以把家庭打理得井井有条，每天过得很幸福，便是他最坚强的后盾。完全没有了后顾之忧，他就可以全身心地在事业上拼搏。而他最深刻的体会便是："一个好女人，她会理解丈夫，成就丈夫。"

俗话说，男怕入错行，女怕嫁错郎。其实男人何尝不怕娶错妻。现代女性早已不再"身居幽闺"，也不再是"女子无才便是德"。她同样在家庭、社会、经济上发挥着重要的作用，就像传奇夫人们——

她们是贤内助，安家定福，成为男人最为坚强的后盾；
她们是军师，献策谋划，成为男人事业上的得力助手；
她们同样巾帼不让须眉，拥有自己的事业和使命，和男人的事业、使命相互辉映。

有这样一个笑话：克林顿任总统的时候，有一次，载着夫人希拉里一起去郊外游玩，车抛锚了，找到了附近的一个修理店，修理店的老板恰好是希拉里的前男友，回去的路上，克林顿开玩笑说："要不是嫁给我，你现在是修理工的老婆。"希拉里说："如果我嫁给他，现在他就是总统。"

一个女人决定着一个男人的高度，这是很多成功男人都相信的真理。所以，传奇夫人要做的就是根据每个夫人的个性——

成就纯粹、有远见的知性女人；

塑造稳重、有品位的优雅女人；

练就平和、不贪婪的美丽女人；

提炼真挚、心胸豁达的纯真女人；

培养贤淑、善解人意的温柔女人；

造就自信、有能力的魅力女人。

这样的女人，有思想，有深度，在不断参悟人生，历练、修剪、完善自己的同时，也在不断地修剪、赏识、完善着自己的丈夫和丈夫的事业。她能用自己的能量去助力丈夫，也能用包容的眼光接纳丈夫的付出、奋斗过程，甚至失败。她既是水，能溶化丈夫；又是火，可以燃烧丈夫；同时，还能把真情、豁达和快乐传递给家里的每一个人。有这样一个女人在身边，丈夫的事业还怕不兴盛吗？

33. 女人决定一个家族的未来

比尔·盖茨在接受访谈时，被问到他一生中最聪明的决定是创建微软还是大举慈善时，他说：都不是，找到合适的人结婚才是。

沃伦·巴菲特也认为：人生中最重要的决定是跟什么人结婚，而不是任何一笔投资。可见一个女人在家庭乃至整个家族中的地位有多么重要。

古今中外，女性在家庭中的影响是非常重要的，

她影响的远不止是三代人，甚至决定了一个家族的未来！

在传奇夫人的舞台上，曾经有一个选手非常动情地说道："我来参加传奇夫人最大的收获，就是把年迈的父母带上舞台。"当时她和父母一起站在舞台上时，不仅圆了自己的一个梦，也圆了父母儿时的一个梦。

我也经常对学员们说，什么是真正的孝道，不是你带着父母去各地旅游转一圈看一下风景，而是在他们年老的时候，带着他们走上舞台，让他们能够领略一种完全不同的风景。你要站上舞台成为你父母心中的骄傲，而且你父母跟你同时站上舞台，成为整个家族的骄傲，载入整个家族的荣耀史。同样，对你的孩子来说也是如此。

在传奇夫人的舞台上，和妈妈们一同上台的孩子很多，和妈妈一样收获自信和成长的孩子很多，改变对妈妈看法的孩子很多，以妈妈为荣的孩子很多，甚至因此而改变家庭命运的也很多。

确实，每次看着选手们，带着她们的孩子、父母、丈夫一同出现在舞台上时，看着他们每一个人脸上洋溢着幸福甜蜜的笑容时，我都抑制不住内心的激动和感动；看着一个个曾经破裂的家庭破镜重圆，看着因为夫人的改变整个家族的氛围、格局发生巨大变化，看着那些越来越幸福美满的家庭，我深感自己的付出和努力都是值得的。同时和很多夫人一样，更是明白了：财富都是身外之物，你的父母、孩子、家人为你骄傲也并不是因为你创造了多少财富，而是当他们提到你的时候，是自然而然升起的一股骄傲之情。

你的存在是他们灵魂深处的一种骄傲和自信，而这种骄傲和自信都会化成一股力量，深深地植入到你的整个家庭当中，而这种影响也是绵远流长的。

为什么中国的古语，老是强调"富不过三代"？因为一个伟大的家族最大的推手就是家中的女主人。女人嫁给什么样的男人，代表着她将要过什么样的生活；男人娶了一个什么样的女人，代表了他选择什么样的人生。而一个有智慧的女人，能够影响的不只是三代人的幸福和家族的兴旺，而是世世代代的幸福与希望。

那么，有智慧的女人，应该如何成功地影响世世代代，成就一个家族的荣耀呢？

拥有正确的三观，并不断地去学习。

在我看来，一个女人不行走世界，不了解世界各国的文化差异，怎么可能有宏大的眼界和格局，如何拥有正确的世界观？一个女人不善于参与社交活动，不和人打交道，怎么可能教会孩子正确的人生观？一个女人要么凡事都节省、节俭，要么就挥霍无度、经常失控，怎么可能有正确的价值观来传递给下一代？

如果一个女人不爱打扮，不风趣，不好玩，更不愿意学习成长，试问哪个男人喜欢这样的女人？一个不能时刻给自己充电的女人，何谈给男人和孩子一个未来？一个无法滋养自己的女人，怎么可能为家庭备足养分？一个不懂感情的女人，又如何维系美满的婚姻……

所以"传奇夫人"以世界为舞台，汇集天下女人智慧，为夫人们提供一个成长的平台，带着夫人们走向世界，让夫人们拥有社交能力，拥有正确的情绪管理技巧，拥有高超的持家方式，拥有改变家族的魅力和能力。

34. 女人永远不拒绝更幸福

很多女人觉得嫁个好老公就能幸福，殊不知，一个家庭幸不幸福，80% 以上取决于女主人。

有能力让自己幸福，才有能力给家人幸福，才是聪明的好女人。

自信、优雅似乎是她的代名词。她身上独有的气质，浑然天成，让人不自觉地被吸引。凭借自身的艺术气息，自信优雅大气的舞台魅力，王佳俐在北京星光大道的舞台上，摘得了 2016 世界传奇夫人最高桂冠——中国总冠军！

当她站在舞台上的那一刻，你会由衷地感叹：戴着皇冠的女人，真美！

也许褪去这样的光环，在很多人眼中，她只是一个普通女人，和其他女人一样，平日里用她的爱和行动诠释、践行着对家庭的爱，但是她又不是普通的女人，她永远都在追求让自己更幸福的路上。

王佳俐自幼学画，毕业于深圳大学艺术系，擅长工笔、油画，尤其擅长把中国画的元素融合到油画中，是深圳女画家协会成员。

她对古琴演奏有独特的认识，并一直致力于古琴文化的发展与传播。

她曾受邀前往 SWIS 国际学校演奏，向外国学生、友人传播和弘扬中国传统文化艺术，非物质文化遗产——古琴。

热爱古琴演奏、作画和昆剧表演的她，为了传播中国传统文化和艺术，还创办了深圳市绝色佳丽文化艺术有限公司。

她是深圳春风琴社、深圳和雅昆曲协会理事，王羲之书院发起人，深圳利民社会公益形象大使，深圳市嘉利胜实业有限公司董事长，以及珠宝设计师、软装陈列设计师、时尚达人……

在她的培养下，女儿美术获全国金奖，长笛获全市金奖。她是孩子心中最值得骄傲的母亲；在先生心中她是最温柔、最贴心的贤内助。

在追逐梦想的道路上，王佳俐收获的不仅仅是荣誉，而是对自己生活的充实、精神的丰富，更是在这个过程中的成长以及蜕变。她用行动证明了，女人可以让自己和家庭变得更美、更精彩！她也告诉了我们：

女人要热爱生活，不冷落自己，永远不要拒绝更幸福，这才是女人真正的幸福。

家庭的幸福，可能是女人一生的功课，但是幸福与否取决于女人自己。对于一个懂得幸福的女人来说，她一定不会在工作中忘却了自我，在柴米油盐中淡化了自我形象，她时刻知道女人通往幸福的因素有哪些：

金钱非常重要，它能让女人经济独立的同时人格独立；
容颜非常重要，它是女人的第一名片；
学习非常重要，它能让女人越来越自信，由内而外散发知性美；
健康休闲非常重要，它能让女人去开阔眼界，陶冶情操；
自由非常重要，它能让女人发自内心的快乐；
圈子非常重要，它能让女人时刻"照镜子"，找到自己的成长点；
平台非常重要，它能让女人发挥无限的潜能，让生命更精彩；
梦想非常重要，它能让女人更加坚定，活得更有动力；
大爱非常重要，它是拥有一切的法宝。

当认识到以上因素的重要性时，对聪明女人来说，生活的不二法门就是成长，成长的不二法门就是无限地向前进步，拥有更幸福的能力。

而"传奇夫人"也正是通过对以上因素的考量，将其企业化运营，让它能够成为夫人们的一项事业，收获财富和梦想；设计各类课程，打造学习平台，让夫人们收获美丽和成长。

35. 女人有担当，才足够惊艳时光

有人说温柔和柔弱是女人的天性，女人生来就是要被疼爱和保护的，但是生活不可能永远一帆风顺，我们也并未脚踏祥云而生，总有那么几个坎会在前头等着自己，总有一些重担需要自己来挑起。

生为女人，我们也需要与人并肩站立，相信我们柔弱的肩膀也能挑得起一肩风雨。

她是一名女企业家，是婚姻家庭方面的心理咨询师，是 2015 年世界传奇夫人大赛深圳赛区的最佳才艺人，是 2016 年、2017 年世界传奇夫人大赛云南昆明赛区的执行主席，她叫蒋易霖。

这位与"传奇夫人"结缘的女子曾经是一名高中老师。2006 年她大学毕业，面对是留校任教还是回乡发展，她毫不犹豫地选择了回乡，因为家乡有她牵挂的双亲，身为独生女的她，孝心让她自觉地选择了承担照顾双亲的那一份责任。

毕业后她在家乡创办了一个培训机构，事业也渐渐进入稳定的阶段。这样的一个培训机构虽然深得自己的心，但是却打动不了父母的心。在父母的坚持下，她只好关闭自己的培训机构，在当地的一所高中担任起了英语老师。然而这样的"铁饭碗"却不是她想要的，没过多久，她毅然辞去了老师的职务，走向了创业之路，而后创办了五福文化传播有限公司。

为了一份孝心，她放弃了难得的机会，选择了回乡；为了自己的"初心"，她选择了打破"铁饭碗"，自己创业。其中的艰辛不难想象，也不得不承认她是一个果敢有担当的女子。如今，她双亲在侧，事业有成，家庭幸福，是家里的主心骨，是大家公认的"铁娘子"，温婉的内在是一颗坚毅、勇敢的心。

今天，为了更多女性的幸福，她更是担当起了弘扬"传奇夫人"让天下女人幸福的责任。在她眼中，传奇夫人大赛除了提升夫人内心力量和让夫人变得更强外，背后实际的意义是让每一个夫人有一种觉醒的能力。只有夫人强大的时候，她才无须担心和害怕面对痛苦。让每一位参加完赛事的夫人都能够在这里收获到自己想要的，并且变得更幸福，让每一个女性过上健康、幸福、感恩的生活更是她所希望的。而她自己，在这些传奇夫人的影响下，也变得更加温柔、包容、有境界，可以说是魅力四射。

有人调侃说，步入社会、婚姻的女人，都会慢慢变得强大、有能力、有担当。那是因为我们知道人生机遇的无常，知道现实生活的飘摇，我们的身上也有着一份重担和责任。

当一个有担当的女人往那一站，身边的人就会相信，在人生最艰难的时刻，她就是一剂"稳定剂"，让家人心安，然后以一己之力，努力撑持，再难的险滩她也会努力趟过去。是的，有担当的女人就是有这个气场，给周边的人这样的信心，哪怕她也脆弱过，害怕过，纠结过。

今天，传奇夫人的夫人们不仅承担着自身家庭的一份责任，更是因走向社会担负起了更多的责任和使命：2014 年传奇夫人中国总冠军张一丹参加世界传奇夫人大赛后与香港影星吴启华合作拍摄广告，且出演东莞城市宣传片及《大话西游》、中山华帝、恒大养生谷、网络游戏、欧派等各类广告；2016 年传奇夫人王佳俐冠军受邀拍摄儿童智能学习机的广告；2017 年传奇夫人刘彩飞冠军与王珊亚军受邀参加海尔集团旗下高端厨卫品牌卡萨帝举办的品牌活动，共同宣传传奇夫人与卡萨帝都拥有着造福世界的品牌理念……不管是城市形象大使，还是品牌大使，还是公益形象大使，她们都凭借着自身的一份担当，活出了人生的一个新高度。

现实中有太多的人赞美和倾慕男人的担当，其实很多时候——

女人的担当更是一束光，在人生的暗夜中，有幸拥有这束光亮的家庭，会走得比较安稳，而且更容易走到一条光明而温暖的路上；在浮躁的社会，有幸拥有这束光，会更加柔和、有爱，而且平静温暖，生机勃勃。就像我们的传奇夫人，有的用宽容柔软的心，缝补着伤痛的裂痕；有的通过自己柔弱的肩膀挑起一个家庭、事业的重担；有的用聪慧的头脑，增添一个社会的财富；有的用温暖的双手，耕植着

国家的一片沃土……

她们铭于心，立于言，是灵魂的觉醒者；

她们践于行，成于效，是有担当的人；

她们正于身，崇于德，是有情怀的人。

有爱，有温暖，有担当，我们的家庭才更加风雨无惧，人生才更加有意义；

有思想，有魄力，有情怀，我们的家族才会更加兴旺昌盛。

然而女人担当也并不容易，靠的是信念，讲的是原则，比的是付出，拼的是智慧。

修身齐家平天下，在俗世看来应该是一个男人的抱负和目标，其实自己进步、家庭幸福、家族荣耀、社会稳定，同样也是一个女人的抱负和目标，我们同样也是肩负着这样的使命，也需要一份担当的力量和不凡的格局。

虽然在人生大多数的时光里，也许我们真的是婉约淑女，温润如玉。只是，人世跌宕，岁月峥嵘，非常时刻，我们个性中沉淀内敛的"女汉子"力量也会适时爆发和闪耀。然而哪怕就是一下，一瞬间，已经足以惊艳时光，照亮暗夜人生。

36. 从假象的优秀到真正的和谐

现实生活中，女人事业成功而婚姻失败的故事我们听到的实在太多了。于是很多人认为社会上的女强人、高学历往往成了美好婚姻的障碍。其实，这样的认识，我觉得是一种偏见和不公，就像我前面所说的，每个女人都有让家庭生活舒适的天性，造成这种局面，只是因为——

有些女人追求到的是"假象"的优秀，没有领悟到一个家庭和社会和谐的真谛。

曾经她只身一人到深圳打拼，之后开始自主创业，在迷茫的、现实的、快节奏的深圳慢慢闯出了自己的一片天地，目前是一家管理资产超 200 亿的集团股东，并有一个无论是外在还是地位都与之非常相称的丈夫，还有一个漂亮的孩子。在很多人看来，她这一辈子似乎也就"功德圆满"了。

听人介绍她之后，我邀请她来参加传奇夫人大赛，我觉得，这么优秀的一个女人，身上定然也会有着无穷的激励他人的能量。接到我的邀请，她答应了，其实当时她最主要的想法是借助这个平台"镀镀金"，便于今后更好地宣传自己和事业。

参加了几次培训，她突然找到了我，说想和我聊聊。

她说："我听说你之前在房地产很成功，为什么退出来了？还有你和爱人的关系之前也很紧张，现在你是怎么做到夫妻二人感情这么好的？"

直觉告诉我她是"话里有话"，便问她："为什么要问我这些问题？你遇到类似的烦恼了？"

原来，在"优秀"光环的背后，她也有着道不尽的辛酸与无奈。每次和丈夫在各种镜头前"恩爱有加"，转过身去，丈夫甩给她的只是一个冷漠的背影；每次她带着孩子出门，孩子只是不远不近地和她保持着一定的距离，连手都不让她牵；家里的人也习惯了她的"缺席"，回到家中，各忙各的，视她如空气一般……冰冷、寂寞、无奈，这是她辉煌事业背后最为真切的感受。但是她依然安慰自己说："我已经取得了别人所不曾得到的财富和地位，我是优秀的！我的一切也都会好的！"她不肯去正视这样的无奈，也不肯去接受一个在家庭生活中失败的自己！

　　听完她的境况，我一边感慨"历史"惊人的相似，一边真诚地对她说："和你一样，那时很多人都说我很成功，我自己也是这么认为的。可是谁又知道我成功事业的背后，是即将面临破裂的家庭？为了家庭我开始学习慢慢放下自我，反省自我，这才认识到曾经的优秀似乎有点自欺欺人，不过是自己单方面的一种能力展示，但我却'乐在其中'而不自知。当你陷入了这样的'享受'，你的心就会被蒙蔽，你会忽略很多东西，进而阻止你去认识、追求作为一个女人的真正幸福。认识到这一点我开始调整自己的心态和做法，和丈夫的关系和家人的关系才走向和谐，才有了现在的幸福。其实，**人生之中最大的道就是，家道圆满所有都能圆满**。我相信，只要你认识到了这一点，你也会得到这样的幸福的。"

　　听了我的话，她郑重地点了点头。

　　之后，由于听了众多传奇夫人讲述她们的幸福以及亲身经历，她更是领悟到了物质的丰厚、能力的突出也仅仅是一个女人一种优秀的表象，唯有靠正知正见、正能量才能真正让一个家庭和谐，让自己的人生圆满。于是，她不断学习与家人和谐相处的方式方法，还开始学习国学，学完之后家庭和生活发生了翻天覆地的变化，现在夫妻感情非常好，孩子以她为荣，家里人更是处处炫耀她这个"传奇夫人"。

　　从懵懂到成熟，从凄冷到温暖，从无奈到收获，她让自己一步一步从优秀走到了和谐。

　　如果说优秀是女人的一种能力，那么和谐就是女人一生的圆满。

现在作为"传奇夫人"的幸福大使、导师，她经常会和学员说："我特别感谢上天让我有缘遇到'传奇夫人'，遇到这么优秀的女性，是她们的爱和使命成就了很多女性，也给了我希望和方向。参赛过程中也会遇到磨难和挫折，很多酸甜苦辣，当深圳决赛看到我们四代同堂的家庭秀的画面时很感动。我的奶奶、爸妈、弟弟妹妹，还有爱人和可爱的儿子走上舞台的画面，如此和谐，如此美满，感叹所有的付出都是值得的。"

是啊，"和谐"，"和"者，和睦也，有和衷共济之意。"谐"者，相合也，强调顺和、协调，力避抵触、冲突；琴瑟和鸣，相辅相成，这是和谐的艺术。一个人，一个家庭，一个社会，甚至一个国家，也正是因为互相依存，互相映衬，互相促进，共同发展，才呈现出五彩斑斓的祥和景象。

如何修炼这样的和谐之力？

和谐不是强行的，而是顺其自然的，是一个女人通过学习和不断地超越自我，所达到的一个境界和成就；

和谐不是停滞的，也不是凝固的，而是一种积极的前进的状态，也许，今天和谐了，明天又会被新的矛盾所打破，我们要做到的就是努力去争取达到新的更高的和谐。

诚如她，诚如许许多多的传奇夫人，当自己收获一份事业时，会去努力经营一个幸福美满的家庭；当拥有一个幸福的家庭时，会去分享这样的幸福，启迪其他女性；当越来越多的女性觉醒，越来越多的家庭和谐美满，这个社会乃至整个国家必然也是和谐强盛的。

传奇能量场·成功挑战自我练习题

身为女人，在你成家那一刻，便已经是一个家庭的"风水源头"，你的一言一行都对家庭的和谐起着方向性的作用。我们应该如何善待好父母、团结好兄妹、教育好子女……只有自己不迷惑，才能心平气和地唱好和谐家庭曲，才能更好地成就自己和家人，才能让自己成为家族的荣耀。

1. 惜物
女人不惜物，不仅仅是开源不节流的事，而是她的行为会把家里的财源斩断。
请检视自己，平时是否有铺张浪费的地方？

是否有理财的习惯？

接下来你将如何制订一个理财计划？

2. 惜才
每个女人应该充分认识到自己的能力，并珍惜运用好这些才能，为家庭贡献一份力量。
你有哪些才能？

你将运用自己的这些才能让家庭做到哪些改变？

3. 惜业

女人拥有自己的事业，不仅可以让自己人格上独立自由，更是可以运用这份事业助力家庭的成长和幸福。当然能在一开始就进入自己喜欢的行业，从事自己喜欢的工作更好。

你的职业是什么？喜欢现在的职业吗？

如果不喜欢现在的职业，你将做出怎样的选择？

你有职业规划吗？没有的话，请给自己做一份职业规划。

4. 惜缘惜情

所有美好的感情和缘分都值得我们珍惜，所有惜缘惜情的女人，家里一定是祥和的，福爱之神永驻。

你最珍惜的人是谁？

今后的岁月，你将如何正面地去影响他们？

第七章

你就是社会的楷模

　　社会由两种人构成：男人和女人。如果说古代的社会是男人主导的，那么，我们很幸运当今的社会是男女共同主导的，这是我们女人的骄傲。而今天我们所要做的就是无限制地放大自己的这一份骄傲，通过自身的成长和努力成为社会的楷模！

37. 获奖和落选都是最好的发生

生活中，那些所谓的成功者总是被善意地夸奖着，好像他一生下来就证明了他是一个不平凡的人，而那些曾和你我一样的凡人，却在一遍又一遍地演绎着试图证明自己不是凡人的"闹剧"。

然而，真是这样吗？不，当然不是！

也许一次又一次的失败，一次又一次的错过，在别人眼中我们无法抹去凡人的色彩，但我们见证的是自己点滴的成长过程，收获的是一颗愿意改变、勇于改变的心。我们应该对平凡的自己说：

何必沮丧呢？
没有失败，便体会不到成功；没有摔倒，便成就不了辉煌，
只要不失我心，这个世界一定有一种角色是适合我的！

2014 年在广州赛区，整场比赛下来只有两个人没有获奖。董妍就是其中的一个。当时在现场，她还带了两个女儿一同走家庭秀。

当公布奖项的那一刻，她的女儿说："妈妈，你落选了。"

她只是轻轻一笑，柔声地说道："没关系，妈妈已经是这个优秀圈子中的一员了，只是妈妈还需要成长。获奖的这些阿姨都比妈妈优秀，因为妈妈原来没有去努力学习成长和改变。所以，宝贝，你现在开始就要早早地学习和成长。"

不仅如此，她还在微信群里积极分享了自己的心得体会，大家对她的评价，除了肯定就是佩服。

147

在任何一个赛场，获奖和落选都是最正常的事情，"传奇夫人"同样也是如此。

我曾参加过一个比赛，现场有一半的人落选了，她们有的痛哭流涕，有的愤愤不平，有的一瞬间黯然失色。舞台上的比赛虽然结束了，舞台背后却乱成了一团，大多数人觉得不公平。我突然间感悟到：

一个优秀的赛事，不能因为成就了几个人的辉煌，就去毁灭另外一半人的自信和未来。

比赛的意义是什么？是给人们一个展示的舞台，是挖掘一份"平凡"的正能量，是展示一个地区乃至一个国家的奋发积极的一面，但是如果落选选手体验到的只是沮丧、悲观、不公平等负面情绪，对这些人来说这个比赛未免太过残酷了，比赛的意义也必然被打了折扣。

所以，"传奇夫人"改变了这样的局面——

获奖和落选都是最好的发生。
落选不代表你不优秀，而是人生中一个最好的成长机会。

我接触过形形色色的学员，很大一部分人不敢登上舞台，怕自己得不到名次，怕自己会出丑。这时我就会对她们说：

"我今天在这里出丑，那么明天在别的地方出彩又有何不可？人生不是看你出了多少彩，而是在你出丑的时候还能勇于面对。很多人只能接受辉煌，却不能接受失败，其实一个真正优秀的人，就是跌到谷底，也能东山再起。"

很有可能在传奇夫人的舞台上获奖，也有可能在"传奇夫人"的舞台上落选，但无论如何都应该感谢这个舞台，让你有了一次清醒认识自己的机会，应该学会检视自己，发现其中的不足并努力修正。

每一个人哪怕再平凡，身上都会有闪光点，"传奇夫人"是一个成就夫人梦想和自信的平台，要做的就是挖掘出夫人们的这些闪光点，让她们充分地自信。于是，我们除了冠亚军，还会根据夫人们的特点和境遇设置很多其他奖项，力求挖掘出更多夫人的闪光点，让她们有更大的成长和进步。

每一届大赛都有落选的，但是她们的心态非常好，非常积极。曾经有一个选手第一次参加大赛落选后，仍非常积极地去成就自己，在第二次参赛时便成为"传奇夫人"的形象大使。而这正是"传奇夫人"最大的亮点，每个人都有机会，每个人的努力都值得被肯定。

当生活一帆风顺时，喜笑颜开是易事，而身处逆境还能微笑的人，才是真正的乐观。这世界上有许多事，并没你想象得那么好，也没你想象得那么糟。

给自己一份坚强，擦干眼泪；
给自己一份自信，不卑不亢；
给自己一份洒脱，悠然前行。

这样无论你以什么样的姿态出现在舞台上，都是一个改变自己、激励他人的传奇人物。

38. 放下，才能拥有更多的财富

在很多人看来，追逐财富才是一个人努力的方向。其实，是对财富的认知存在偏差。财富永远是人类追逐的目标和进步的动力之一，但是财富也分为有形和无形的，有形的就是车子、房子等，而无形的就是健康、能力、家庭、情感、分享等，对一个女人来讲更是如此。

无论你创造了多少财富，最终都是为了两个字——幸福！
而幸福不仅是物质的，更是精神层面的提升和满足。

也许是因为穷，从小父亲就教育我存折的"圈圈"越多越好，于是，步入社会后，我拼命地挣钱，只为多上几个"圈圈"。也许是我运气好，也许是我比常人多了一些品牌意识，做事业比较用心，做房地产的那几年比较顺利地挣到了一些钱。

有了钱后，我并没有活得如自己想象得那般自在和美丽。更糟糕的是，挣钱已经让我失去了曾经的那种使命感，内心荒芜得仿佛要长出草来。我便开始琢磨，除了挣钱，我还能做些什么有意义的事？也就是这个时候，我开始疯狂地出入各种高端课堂，只是为了寻求改变，追求人生的终极意义。

在疯狂学习的那几年，我慢慢地发生了蜕变，开始萌生出这样的想法，那就是去帮助更多的人。这时我遇到了两次世界大赛。在历经两次世界大赛后，认识到这种比赛不仅可以成就自我，还可以帮助他人，我毅然决然地拿出100万，不报任何挣钱的心思，创办了世界传奇夫人大赛，并植入了自己的初衷。

只是我没想到，这不仅让自己开启了一个全新的商机，更是一发不可收拾地成就了众多传奇夫人。之后，我更是全身心不留后路地从事传奇夫人事业，把资金都注入其中，如今"传奇夫人"已经是备受世界瞩目的国际性的女性赛事。而它也让我明白了——

在有形的财富层面，放下钱才能拥有钱；
在无形的财富层面，放下钱才能拥有更多。

"放下钱才能拥有更多"，也许这句话很抽象，很深奥，很多人不懂。他们会觉得自己连温饱都解决不了怎么放下钱？其实这里所要说的是你的财富格局，当你的财富格局足够大，顺应这个时代，合乎这个国情时，你眼中看到的必然不再是只够温饱的"小钱"。

未来的时代将是以文化产业引领的，是文化的时代。"传奇夫人"正是这样的一个文化产业，同时通过参加各种高端课程帮助愿意去提升自己的人，只是自己缺乏一个这样的渠道，而"传奇夫人"能帮助她们实现自己的梦想。

我很庆幸自己当初的选择，现在"传奇夫人"不仅帮助我实现了梦想，收获了幸福，也帮助更多的夫人成就了事业传奇，让我们有更多的力量去支撑这个赛事，并通过这个平台资助社会，帮助千千万万需要帮助的人。

成长即是机遇，只要你不断地成长，便不必为生计担忧。

当然，"传奇夫人"让我收获更多的还是无形的财富。

一个真正富有的女人也绝不是拥有多少钱，而是自身对他人、对家庭、对社会呈现出多少价值。

以我当时的财力，即便我这辈子什么都不做，也是衣食无忧。但是人活着的价值却不仅仅局限于此。我很庆幸创办了"传奇夫人"，实现了我曾经的初衷，收获了自己的幸福：

我历练、成就了自己，

我找寻到了精神快乐的源泉，

我结识了一帮一起成长的闺蜜；

我的蜕变正在引领更多人的蜕变。

我和许许多多的夫人一起从物质走向了精神，

我们的蜕变必然也会慢慢地让这个社会蜕变。

"传奇夫人"已经帮助上万名夫人找到了自我，实现了价值。在这个舞台上，她们光芒闪耀，有梦想，有舞台，有掌声，成就了自己，坚定了信念，更是担当起了家庭、社会的一份责任，成为了社会的楷模。而"传奇夫人"因其企业化运营，也在现实中为不少人实现了"财富梦想"。

所以，当我们放下物质的追求，找到人生的使命，为更多人的幸福、梦想和价值去努力的时候，财富也会随之而来。

其实，不单"传奇夫人"，任何职位，任何行业都是如此：如果一个员工眼里只有工资时，他看不到"固定数字"之外的机遇；如果一个生意人眼里只有这一单生意的利润，他看不到生意背后的人脉和资源；如果一个公务员眼里只有钱时，他看不到福祉民生的真正价值所在……这样的人永远追不到财富。

请记住：世界很大，幸福不远，放下钱才能拥抱幸福，拥有世界！

39. 舞台上的冠军只是瞬间，生活中的冠军才是永恒

一直觉得，女人不管曾在舞台迸发出多么闪耀的光彩，曾在人生的哪一个阶段哪一个领域取得了多大的成就，终究要回归生活，正所谓——

舞台上的冠军只是瞬间，生活上的冠军才是永恒，这才是真正的中国优秀女性的标准。

在传奇夫人的舞台上，曾分享了众多传奇女性的故事，她们美貌与智慧并行，才华与妩媚齐飞。然而，对她们来说，真正的收获并不是获奖那一刻的鲜花和掌声，而是在"传奇夫人"大赛中获得的成长会有益于她们一生。

至今，我还无法忘记初次遇见她的情景。

当时我们正在举办"传奇夫人"分享会，她是被朋友带来的，穿着一件灰黄色的套装，整个人显得土气又毫无生气。面对众多的优秀夫人，她时常紧张得手足无措，讲话时声音都会发抖。但是从她闪闪发光的眼睛中我看到了她对舞台的渴望，对改变自身的渴望。于是特别留意了她。

分享会结束，我从她朋友那里了解到，她刚认识她丈夫的时候，两个人一无所有，白手起家。后来事业有了起色，他们有了自己的孩子，她便退居家庭。几年过去了，丈夫已经成了一名优秀的企业家，而她却成了"保姆"，在这个家庭中丝毫没有地位。丈夫出去应酬从来不带她，甚至她的孩子都对她说："不要来接我，丢人！"

听完之后，我感慨万分，决定要帮助她。我约了她见面。

见到我的那一刻，她非常激动，同时又有些局促不安。简单聊了几句，我便邀请她参加传奇夫人大赛。她先是一喜，随即摇头伤感地说："即使参加了又怎么样？又能改变什么呢？"

我坚定地告诉她：

"传奇夫人不仅仅是一场赛事，我们只想通过全身心的家人式、朋友式的鼓励和支持，让每一个夫人体验并感受到舞台的魅力，让她们今后的生活也同舞台上的那一刻一样更加自信和从容。"

也许是受了我的感染，她终于点头并参加了传奇夫人大赛。这也让她日后的改变一发不可收拾。

通过自身的努力和成长，她荣获了分赛区冠军，丈夫和孩子都自豪地分享了她获得冠军的照片，她更是通过我们的课程学习和其他夫人的人生经验分享，懂得了家庭经营之道。

现在她会优雅得体地陪着丈夫参加各种重要场合的应酬；她成功地和孩子建立起了良好的亲子关系，孩子以她为荣，逢人便说自己的妈妈是冠军；她有自己的圈子和全新的生活，也正考虑获得"传奇夫人"的分赛权，为更多的女人传递一份正能量……

是的，她正将舞台上的那份自信和光彩，一点一滴地作用于自己的生活。

任何的闪耀和荣誉之后，都要回归生活本身。
如果这份闪耀和荣誉不足以改变你的生活，
其意义也不过是停留在"虚荣"的华美表现，
无法深入你的灵魂，给你带来真正的成长和收益。

人这一生，离不开"生活"二字。衣食住行是生活，追求梦想是生活，为社会做贡献是生活……生活实际上是对人生的一种诠释，生活包括人类在社会中与自己息息相关的日常活动和心理影射，它是一个系统性的过程，这个过程包含光芒四射的某一瞬间，也包含大多数时候的平淡无奇。

所以，"传奇夫人"的作用绝对不仅仅在于比赛本身，毕竟舞台上的闪耀太过短暂，短暂到下一秒就能成为过去，我们更关注的是夫人们现实的生活，努力将舞台上的这份自信和闪耀延伸到她们的生活实际中。

那么，我们是如何做到的呢？

1. 传授技巧，经营爱之港湾

家庭是一个温馨的港湾，是女性生活和事业走向成功和辉煌的基础。在"传奇夫人"的平台上，我们对两性情感、婚姻家庭、育儿教育等，拥有系统性的课程和培训，也有各位夫人的经验分享和情感交流，尽力让每一个夫人获得技巧和能力。

2. 魅力蜕变，滋养心灵

在"传奇夫人"的舞台上，你可以魅力绽放，更可以从"传奇夫人"的理念、课程、体验、交流、公益等形式中，获得身心的滋养，收获一个充满魅力、拥有自信的自己，从而具备更好生活的品质和能量。

3. 坚信两全，平衡家庭与事业

事业和家庭就是一个天平的两端，处理不好就会遗憾地从平衡木上掉下来。而我们培养的是一个有能力、有智慧的女性，能够在家庭和事业间找到平衡点，"出得厅堂，下得厨房"，经营着令人羡慕的生活。

4. 开启人生新篇章

从"传奇夫人"走出的每一个夫人，都拥有不凡的梦想和格局。有的以"传奇夫人"为自己的事业，帮助更多的女性成长；有的更加积极地去进修，不断地完善自己；有的致力于慈善，关爱更多的人……她们都在凭着一己之力，为家庭和社会做贡献。

舞台上的冠军只是瞬间，生活中的冠军才是永恒，这也是人生的一种乐观的态度。我由衷地希望每位女性走自己的路，做自己喜欢的事，绽放传奇气质，这也是"传奇夫人"的精神传递，让每个女性都能在生活中自成传奇。

40. 把每天都当成最后一天

在这个和平的年代，大多数人，特别是女人的生活轨迹是离不开丈夫、孩子、家庭，不紧不慢。却不知现世的安稳其实是"温水煮青蛙"，最终不过是在平稳和舒适中，让自己庸碌无为。

想要突破这样的安稳和温水环境，必须让自己把每一天都当成最后一天，就像乔布斯曾经说的——

"如果你把每一天都当成生命里的最后一天，你将在某一天发现原来一切皆在掌握之中。"

而我也正是这样做的。每一天，我都会像蜡烛点到最后那一刻一样，努力地绽放自己的光芒，为最后的生命燃起爆发力的火光。

记得，有一次，一个刚加入的学员问我："像你这样的年纪，这样的地位，不是应该去享受生活吗？为什么你还要这么拼，还让自己每天那么忙碌？"我笑着回答："因为有意义，因为不想留遗憾！"她摇摇头表示不理解。

这个学员是我遇到的一个非常特殊的人，因为一次车祸曾让她在鬼门关走了一遭。正是这次的生死经历，很大程度上改变了她的生活态度。在她看来，每一天都可能是生命的最后一天，就是享受的一天，开始奉行享乐主义。而她来参加"传奇夫人"的原因也很简单，她想体验站在舞台上的感觉！

我很欣赏她这种把每一天都当成最后一天的态度，却无法赞同她的做法，我也相信"传奇夫人"必然会改变她的这种偏激的认识。

　　果然，在走向舞台的那一刻，在向社会伸出援手的那一刻，在分享会上聆听众多夫人梦想的那一刻，在他人向她投来赞赏目光的那一刻，在见证了自己成长的那一刻……从参加分赛区培训到总决赛，不过短短的两三个月的时间，她仿佛变了一个人。如果曾经的她只是享受现世安稳，现在的她容光焕发每一天都让自己精彩；如果曾经的她只是追求享乐，现在的她更追求卓越和成长。

　　她说："曾经以为，把生命中的每一天当成最后一天活着，只是释放自己的压抑，在每一天生活中不计后果的任性，毫不节制放肆地活着的状态。可是现在突然理解了，把生命中的每一天当成最后一天，是一种按照自己的意愿去生活的状态，尽心尽力过好宝贵的每一分每一秒，不留遗憾。另外，我也一直在思考一个问题，女人的一生可能和青春一样短暂，青春很美，我们的一生也应该很美。在舞台上我已经收获了自信、美丽，作为一个女人，我希望自己能够这样优雅、从容地老去，直至生命的终点始终保持着一个女人应有的最美的姿态。感谢"传奇夫人"，让我明白了上面的道理。然而这么简朴的道理，我竟然现在才理解。"

　　人生无常，我们每天都经历着身边人的生老病死，谁也不知道意外和明天哪

一个先来，也正是这样的无常给人生留有太多的遗憾。不想以遗憾的方式结束自己的人生，那就把每天都当成最后一天。

1. 当你把每天都当成最后一天，你会发现所有的事情在面对死亡的时候，都将烟消云散，只留下真正重要的东西，让你专注地为之努力奋斗

对我来说，这种做法仿佛是一张"过滤网"，它可以帮助我过滤掉毫无意义的事情，能够让自己直面自己的内心，集中精力做对自己来说有意义的事情，并用尽全力。

只是，很多人这个时候会走上误区，就像文中的她，把"享受"放在第一位，这样才算不白来一遭。可是如果把有限的时间浪费在重复他人的生活上，让这样的生活淹没自己内心的声音，却是一种悲哀，你也只是活过，对你身边的人，对这个社会，未曾留下过什么。

此时，最为重要的就是发现自己的内心，要有遵从自己内心和直觉的勇气，知道自己想成为一个什么样的人，其他外在的东西都是次要的。在排除了外在的那些吸引之后，你会发现：

原来一切不过如此，看待事物开始变得简单、透彻。

整个人对欲望的感觉明显下降，会明显察觉到自己能做更多有意义的事情，整个人内心也变得安静、坚定，心里唯一想的就是做最好的自己。

所以，把每天当成最后一天，并每天早上对着镜子问自己："如果今天是我生命中的最后一天，我还愿意做今天原本应该做的事情吗？"当一连好多天得到的答案是否定的，就开始改变，努力地成就自己。

当初我选择退出房地产创办"传奇夫人"，也正是这个原因。因为在每一次对自己的提问中，我得到的答案都是否定的，我想要做的事情并不是挣钱，而是发自真心地渴望帮助更多如我一样迷茫的人，为自己的人生寻找一份永恒的意义。

令我欣慰的是，现在很多夫人也正像我一样积极寻找人生真正的意义，并兢兢业业为之努力着。

2. 当你把每天都当成最后一天，当那一天真的来临时，你才能以最美的

姿态告别这个世界

在传奇夫人的舞台上，有不少上了年纪的女性，她们早已告别职场，儿孙成群，安享天年，为何还要把自己"折腾"到舞台上呢？这是因为对人生的负责，想在最后为自己酿造一壶诗意的岁月之酒。

每当静静地凝视着她们灿烂的笑容，看着她们舞动的身躯，聆听着她们人生的智慧，感受着她们面对"人生易老"的从容与镇定——

我看到了一个女人的优雅与魅力，
女人一生如山的静美，如水的灵动。
我看到了一个女人的自由与洒脱，
女人一生如夏的蓬勃，如秋的丰硕。

对她们，我的心中充满了神圣、庄严的情感，也充满了敬慕与渴盼。她们拥有高贵的生命，因为即使离开，也要用最美的姿态！

所以，"传奇夫人"注重女性一生之美，倡导魅力优雅地绽放，在有生之年每一个女性都能够演绎出绝美的风华，并将这样的风华始终注入灵魂，写入生命，终其一生，这样当我们离开这个世界的时候——

我们依然有着俏丽的身姿，有着优雅的姿态，有着闪耀的魅力，有着如水的
从容，并留存着这个世界的温度。

人，不能掌控未来，却可以掌握今天。把每一天当作生命的终点，我们才能真正懂得人生的意义，并为之奋斗终生。

41. 女人如花，一生绽放

每一个女人都是一朵花，缤纷妖娆，浪漫多情，在青春稚嫩的年华，盛开如诗；在红尘俗世中，娇艳欲滴；在半世风雨后，花香永存……

女人如花，一生绽放，不同花期的女人是不同样的花，不同的花有不同的赏花人。

美是多样的，女人要有这样的自信，并自信地绽放，让这个世界更加缤纷多彩！

她是一个女人，却不像一般的女人；她是位七十多岁的老人，却又不像一般的老人。

年轻的时候，她把一生的心血奉献给了自己的事业和家庭；退休之后，她组建社区，义务照顾身边的孤寡老人；如今，她鹤发童颜、精神矍铄，可以24小时旅途劳顿千里迢迢参加"传奇夫人"大赛，站在"传奇夫人"的舞台上，风采依旧，演讲铿锵有力，表情认真且投入，观众都情不自禁地为她鼓掌喝彩；今天，她更是为了"传奇夫人"大赛的推广，四处奔波。

"无畏勇敢、敢于天下先"是她精神的真实写照。

在"传奇夫人"的分享会上，她说："有些人，年纪越来越大，心也越来越老；有些人，年龄虽一年年增加，心却越来越年轻。前者只是普通的老人，老而无为，老而无味；后者却是永远不老的大龄青年，老有所为，老有所乐……一定要做一个精致、内心充满阳光的女人，精致大气，享受生活，敢于绽放。精致是一种生活态度，绽放也是一种生活态度。"

在我们的心目中，她是令人敬佩的"老大姐"，更是一朵传奇的女人花，一生都在绽放。"传奇夫人"的舞台上有着不少像她一样的老大姐，我们因为她们的到来感到万分荣幸。她们的到来让"传奇夫人"的舞台变得更加传奇。二十几岁到七十几岁不同年龄段的女人在舞台上展现自我，可以说在时空上极大地浓缩了女人一生的魅力，短短一瞬间便可以阅尽女人一生的风采：

二十几岁的女人是刚绽放的花，清新脱俗，让人宠爱，令人赏心悦目，只是，肆意张扬的青春总是会留有些许的青涩；

三十几岁的女人是盛开的花，妩媚动人，款步姗姗，让人顾盼流连，只是，初尝人世的艰辛，难免有些疲惫；

四十几岁的女人是风韵犹存的花，高贵典雅，端庄大方，只是她的美开始变得沉重，难免有种年华易逝的无奈；

五十岁以上的女人，虽然花期已过，但花香仍在，神韵清奇，睿智淡雅，经历过春的勃发，夏的繁华，秋的寒潮雨露，已经不再浓烈、芬芳，却多了一份淡然。

如今，我们拥有了真正公平公正的赛事——传奇夫人，每次一上台，我说的第一句话往往也是："'传奇夫人'不是选美，没有高矮胖瘦年龄的限制，只要你有一颗愿意成长的心，只要你有一颗助人的心，只要你愿意成为孩子的榜样、先生的骄傲、家族的荣耀、社会的楷模，你就可以来参赛，因为我们是一个开放性的平台，就是让所有的人都来这里蜕变成长，站上舞台，通过赛前训练，在竞争中成长，可以快速地让你成长和自信。"

我希望在这个舞台上，不同年龄段的女人，不同的花期，都可以同台绽放。

对于稍微年长的夫人来说，可以寻回一个青春年少的梦；
对于初入婚姻的年轻女性来说，可以寻一份人生豁达的智慧；
对于所有年龄段的女性，则是寻一个完美绽放的舞台及人生的意义。

确实，我们也做到了。夫人们互相学习，取长补短，更是通过"传奇夫人"所倡导的理念和文化，使她们对生活有了透彻的理解，知道自己一生应该为之追求的方向，知道自己对于浩瀚天地的价值，而"传奇夫人"这个舞台也把她们雕琢得更显风韵。

也许，无情的时光能够带走我们的如花岁月，但是阅历会使我们丰盈，沧桑会使我们经典，在慢慢老去的时光里，我们应该看到的是女人始终如一的生命风度和一颗越来越美丽智慧的心灵……

42. 让自己成为杰出女性启迪者

"明天的决赛非常重要，因为你的胜利不是你一个人的胜利，而是属于所有和你一样的女孩……你的对手是所有歧视女性的人。"这是电影《摔跤吧！爸爸》中，爸爸对女儿说的一句话。最后这场斗争的意义早已超出父亲的梦想，她成了一场女性启迪的战斗。

只是，不知道你有没有想过——

当你站在"传奇夫人"的舞台上，你已经比其他女性迈出了更远更有意义的一步，你已经在担负着女性启迪的战斗。

卢思吟是 2016 年世界传奇夫人大赛中国民选总冠军，也是一个文化公司的首席执行官。

作为家里的长女，为了减轻母亲的负担，正处豆蔻年华的她，选择来深圳半工半读。

经过两年的打拼，她的事业从音像店发展到琴行再到美容院再到与女性相关的会所，如此成功的她，后来却选择回归家庭，成就自己生命中的另一半。

人生最好的年华，她奉献给了自己的兴趣和爱好，因为喜欢所以坚持，因为爱，也甘愿奉献自己的所有成就，她用自己的行动证明了一切。

人生总是充满惊喜和变数，2016 年对她来说，是改变也是蜕变。曾经为了事业，从未将自己当作女人，后来，遇见了"传奇夫人"，她的生活开始有了改变。大赛让她变得柔情、性感、有内涵，也让她的英国丈夫感受到了另一番东方女性的美。

在大赛的引领下，她一路学习，最终走到了北京星光大道的总决赛，那一刻她感受到生命的另一种美——厚德载物的心灵震撼之美。岁月的流逝并没有使她的光芒褪色，2017 她要带着家族的荣耀与闪耀站上英国的舞台，让世界看到中国女性对美的诠释。

她说感恩这场遇见，让自己变得更美更优秀，也让她远在海外的家人们感受到中国这种厚德载物之美，让整个世界都能感受到中国女性内心的力量。

如今，她是 130 多位孤儿的"妈妈"，她怀着那颗永远都保持着感恩的心，用着自己的力量，做着公益。她只希望用她的厚德之心，去帮助更多的人。

很多人都知道，"传奇夫人"和其他大赛不一样，它不是一个选美大赛，而是能帮助女性实现梦想，坚定夫人使命，倍增夫人社会责任感的全球性赛事。故而参加此赛事的绝不是因为这个夫人外貌有多么出众，更多的时候，是夫人们身上所具备的精神和能量，以及这种精神和能量对身边其他夫人所带来的一种激发和启迪。

从你站在传奇夫人舞台上的那一刻起，
你就是一名杰出的女性启迪者，
你正在用你的实践和魅力，影响、改变着身边的女性。

而我们也是以培养杰出女性者的标准去要求每一个学员。虽为一场赛事，我们会站在女性的角度，关注女性自我意识、人生态度、处世态度，会对女性的生存方式、人生价值和女性尊严等问题进行思考，从而提炼出"传奇夫人"的企业文化和核心精神，将其注入每一个学员的血脉当中，让每一个学员散发出独特的女性光辉，令人折服，更让人敬佩、学习。

同时，我们汇集了全球百位世界大师，包括模特导师、灵魂魅力导师、演讲导师、优雅仪态导师、形体礼仪导师等，在赛前全面训练夫人们的即兴演讲、内涵气质、优雅仪态、形体礼仪、时尚搭配等，扩大每一位夫人的胸怀和格局、提升每一位夫人的境界以及对爱与能量的释放，引领全球女性绽放灵魂的光彩，随时随地照耀他人，成为社会楷模夫人，真正评选出世界新时代女性的代言人。

确实，很多女性也正是见识到了我们夫人的美丽和魅力，才加入这个舞台的。诚如一名学员所说：

"站在女性的角度，去帮助更多的女性找到她们的价值和定位，让身边更多的女性去绽放她们的美丽和精彩。"

今天，我很感谢这些夫人们，因为她们，让越来越多的人认识了"传奇夫人"；因为她们，越来越多的女性得到了改变；因为她们，中国女性的传统之美得以传承，并走向了世界。

未来，我们也将继续为爱发声，让世界看到中国女性自身的成长，让女人自成传奇！

传奇能量场·成功挑战自我练习题

我们是幸运的，生活在这样一个男女平等的时代，虽然这样的平等很多时候是相对的，但是已经给我们提供了充分展示自我价值、实现自我理想的舞台。既然已经有了这样丰厚的社会土壤，我们有什么理由不活得精彩？不充分展现出一个女人的社会价值？

想要做到这一点，必须实现三个转变：

1. 实现从传统角色向现代角色的转变

想一想，除了传统认识中你必须承担的贤妻良母的角色，你还承担着什么角色？

你的这些角色在国家与社会以及在经济、文化、教育建设等方面发挥了什么作用？

2. 实现从传统的人身依附向独立人格的转变

现实生活中，你实现了哪方面的独立？

这样的独立对你产生了什么样的影响？

3. 实现从弱者向自助自强者转变

你还认为自己是弱者吗？为什么？

你哪方面的能力或认知能给他人带来启发或帮助？你将如何实现这样的帮助？

Irradiate
照耀

惠泽照耀篇

我们也许凡俗但贵在有爱

我们也许平淡但贵在有梦想

五千年优秀传统文化的熏陶

千万个日月尘世生活的打磨

始终坚持、坚守、坚定

成就一个女人的胸怀与智慧

今天，为爱发声为梦想起航

如星、如月、如太阳

让世界看到中国女性对美的诠释

让人类因女人的存在而美好

让女人自成传奇

——明一梦

第八章

带着使命圆梦天下

　　女性，对家庭来说是一个妻子、妈妈、儿媳，如果贤淑、聪明、智慧，会让世人惊叹"一代有好妻，三代有声望"。但是我们更应该明确自己身负的使命。我们应该怀有更加崇高的梦想，在各行各业各领域发挥自己独有的作用，并产生深远的影响，令自己的人生更有价值。

43. 做个追梦的女人

都说女人爱做梦，梦是人生这本书的开篇，是一个故事开始的美丽基调。梦想的高低决定了这个故事的精彩程度和意义。

每一个女性都应该成为追梦人，展现生命的多姿多彩，为世界留下更多的美好和感动。

一次偶然的机会，经朋友介绍她参加了传奇夫人大赛的海选。不得不承认，她的样貌非常出众，出场瞬间征服了在场所有的评委与观众，成功晋级复赛。

然而，在参赛之前，她不过是只有初中学历，曾在工厂打工、在酒店做洗碗工，和很多那个年龄辍学的女孩一样，只求一份能够养活自己的工作。后来创业、嫁人，追求的也不过是现世的安稳。

我记得海选的时候，当问到她为什么参赛时，她回答："觉得站在舞台上很美。"问她参赛之后想做些什么，她顺口回答："能做什么？还是和以前一样工作、带孩子啊。"听完这些，我们没有说什么，只是让她留了下来。在接下来的培训和比赛中，她也非常努力，一步一步地成长着。

经过了"传奇夫人"的培训和文化理念的洗礼，她见识了很多，也成熟了很多。有一天她非常激动地对我说："我觉得以前的自己都白活了。我没想到女人还可以做这么多有意义的事情。我曾经吃过很多苦，现在有了一点钱，我现在的梦想是希望能够帮助更多需要帮助的人。"我笑着对她说："如果你把这个当成你的梦想和使命，一定可以实现的。"

我没想到她真的这么做了，也就是那一刻，"帮助需要帮助的人"这颗梦想的种子植入了她的心灵，也让她迸发出了无穷的力量。

在成为"传奇夫人"的全国总冠军后，她马上联系社会的一些爱心机构，到一家医院看望一个接受治疗的 10 岁小男孩，并送上 1.6 万元的慰问金。之后，她更是履行着自己身为传奇夫人的责任与使命，帮助更多的孤寡老人和贫困儿童，也呼吁更多的企业家担负起社会责任，献出自己的一片爱心，把大爱之心传播到社会的每一个角落。迄今她已经为社会捐赠物资累计超过 300 万元。

现实中，有许许多多的人与曾经的她一样，认为——

一个女人，不需要崇高的理想，不需要远大的格局，做好"相夫教子"分内之事，人生便得圆满。

其实，这是对女性意义的一种低估，很多时候我们比自己想象的更有能力和价值。

纵观人类历史，那么多大路小道，那么多蜿蜒曲折。每个岔口都有女人身影的出现，有的在政治舞台上大显身手，有的在生命旅途上奔波奋斗，有的在文学领域成就斐然……都无一例外地推动了人类社会的发展。

所以，我们要打开每一个女人的格局——

以全新女性的视角为方向，
以一个世界性的舞台为方式，
以培训和理念作为梦想土壤，
以身边真实存在的夫人的传奇经历为启迪，
以社会对传奇夫人们真实的"回馈"为激励，
去感召她们，
让她们实现一个又一个有高度的人生梦想。

是的，"传奇夫人"是女性梦想的一个摇篮。很多夫人一开始也是抱着追求"舞台梦"这样的一个梦想来到这个舞台上，但是她们会慢慢地发现，梦想该是一种极为崇高的精神境界，是我们存在的意义与价值，而不是年少时一个单纯的舞台梦，更应该成长为自身精神上新的信仰与追求。

今天，我们更是生活在一个"有梦"的时代，在面对当前新形势、新挑战、新机遇的情况下，对于广大女性来说，如何播种梦想、点燃梦想，让自己敢于有梦、勇于追梦、勤于圆梦，更是显得意义非凡。

有志者，事竟成，破釜沉舟，百二秦关终属楚；

苦心人，天不负，卧薪尝胆，三千越甲可吞吴。

梦想并不是一个终点，它是人生中一段新的旅程的起点。做个追梦的女人，永不放弃！

44. 坚定夫人使命

水承载万物，包容万物。

女人如水，也正是因为这一特性，注定女人要比男人承载更多，其家庭角色、社会角色，往往极大程度地消耗着女人的心力，更何况人生还总会风雨无常。

如何熬过去，唯有承担使命，追逐梦想，坚定自己！

她是"传奇夫人"舞台上的"洋夫人"。在没有和"传奇夫人"结缘之前，她一直有这样的想法，希望通过自己的努力让世界更多的人了解到中国的优秀文化。当时，她与我说起这个梦想的时候，非常羞涩，觉得自己有点"不自量力"。于是，我和她讲了自己的经历。

我告诉她，我始终认为，第一次世界舞台的经历是我人生最为宝贵的财富，在那样的舞台上，我第一次认识到了自己的价值——我是代表中国的，同时也认识到自己应该站在世界和谐的高度来看待这场赛事，看待自己的人生。也正是这样的认识，彻底改变了我的后半生，"传奇夫人"成了我新的梦想和始发点。今天"传奇夫人"也正成为令世界瞩目的全球性赛事，已经在国外举办了多场比赛，日益影响世界。

我对她说："当你嫁给外国人的那一刻，你就将自己放在了世界舞台上，不管你愿不愿意，你已经有义务承担起弘扬祖国优秀文化的责任，只要你永远记住这一点，放心大胆地去做就好。"

但是她依旧怀疑和犹豫，其中最大的顾虑是怕自己没有这个能力，资质不够。

为了打消她的疑虑，我就建议她参加"传奇夫人"大赛。

当时培训中，有一个学员她是认识的。那个学员之前在她眼中不过相貌平平，才智一般，但是现在站在她面前不仅变得优雅不俗，还能出口成章，她被震撼了，心中开始认定了自己一定行。最终每个传奇夫人的不俗表现和自信感染了她，她们的涵养、品德和积淀也让她汲取到了源源不断的知识能量，让她对自己所要做的事更有信心。

从"传奇夫人"的舞台上下来后，她还推荐了其他几位"洋夫人"站在这个舞台上，并经常与这些"洋夫人"举行各种各样的颇具中国特色的派对和沙龙。

她说：

"传奇夫人就是一个能量场，可以让我们对梦想和使命更加坚定、坚持和坚守。"

现在已经有很多女人意识到要有梦想和使命，自己的"雄心"要靠自己坚定地去实现，我觉得这已经是一件非常重要且值得欣慰的事情。可是在追求更大的梦想和实现自我的这条路上，真的不容易，你会发现自己的内心其实还有点点的脆弱和动摇，也会有各种挣扎和痛苦。但是我相信，如果我们能够坚定不移地走下去，将来的路一定会更加好走。而"传奇夫人"是如何让夫人们获得这样的一份坚定和自信的呢？

1. 牢记自己的使命

我总是会和学员们说："要想做成一件事情，一定要牢记自己的使命。"这句话并不是凭空而说，而是来自我自己深刻的体会。

在创办"传奇夫人"的时候，我就设定了自己的终身使命——帮助更多的女性，并把它作为自己去做每一件事情的核心想法。

每次上台演讲的时候我的压力都很小，因为我的焦点都放在了要如何完成我的使命上，而不是获得多少人的掌声上。如果你把焦点放在别人的掌声中，是使不出力的。你会担心这里讲得是否好，那里说得是否正确，事实上，只要把重心放在使命上，你的出发点就所讲的对大家有用，你想的跟你做的便会一致，你会更加地自信，更有影响力，人们也会被你的真诚所感染。

所以，牢记自己的使命便会发现，自己的行为正慢慢地改变，因为你已经有了核心的思想。

2. 拥有一个能量场

除了内心对自己的激励，有时外界的"刺激"也会给你带来无穷的力量，使你对自己所要做的事情更加坚定，也更有信心。比如在传奇夫人的舞台上——

我们无私地分享人生经历和如何获得幸福的密码，

我们一起探讨实现梦想的途径和方法，

我们互相支持和帮助，坚定自己的使命，

我们一同收获自信、成长和梦想。

我们就是一道美丽的风景线，虽然年龄层次不同，但我们有同样的信念，坚持坚持再坚持，看到自己的潜质，收获同伴的力量，获取成功的渠道……这都是在一步一步地让我们更加坚定。

给自己找到一个这样温暖的团体，你将从中汲取源源不断的人生能量。

女人如水，源远流长，坚定使命，追求磨炼，圆梦人生。

45. 倍增夫人社会责任感

人类的心中有一种美好的东西，它让世界充满阳光，这就是心灵中坚守的那份社会责任感。

作为女人，我们也是社会的一分子，在承担起家庭责任的那一刻便是承担起了一份社会责任。但是如果仅仅把自己局限于家庭，似乎又有些"大材小用"。

家庭之外是社会，我们努力贡献一份力量，成就一番功绩。

她一直是我非常佩服的一位老大姐，自小聪明伶俐，永远有一股不断拼搏的干劲。

20 世纪 80 年代初，她在老家做服装珠宝生意，90 年代单枪匹马闯深圳，创办工厂，因经营不善而负债。直到 90 年代中期，她东山再起，成为多家企业的董事长，岁月让她历尽磨难，也让她意志坚强，有着不菲的收获。

她与丈夫怀揣着让人们吃到更加健康美食的念头，创办了自助火锅店。

她说："这几年的餐饮并不好做，我们也并不挣钱，但是我和爱人都很爱美食，也喜欢跟人分享。"为了宣扬这种健康饮食的精神和理念，她还在店里推出了一份独特的政策"身高 1.2 米以下的儿童和 80 岁以上的老人免费"。让更多的人吃到真正健康的食品，也是她回馈社会的一种方式。

一次偶然的机会，她从好姐妹口中知道了"传奇夫人"大赛，同时看到了姐妹在舞台上获得冠军后，生活与家庭所发生的巨大变化，也看到了姐妹每日奔波于事业和使命后所收获的充实、幸福，她深深感受到了这个舞台的独特魅力，但是一直观望没有实际行动。直到她跟随朋友一起参加了"传奇夫人"慈善会，她才意识到曾经自己的那些作为不过是一种"小恩小惠"，真正的责任和使命是让更多的夫人变得优秀，让更多优秀的人改变自己，改变家庭，改变社会。现场她动情地说："**我是做企业的，我深刻地明白社会责任对企业的重要性，今天通过'传奇夫人'，我更是领悟到了社会责任对女性的重要性，它对女人来说将会是永恒的荣耀和幸福。**"

此后念念不忘的她联系到传奇夫人组委会，正式成为传奇夫人大赛分赛区执行主席。她支持和鼓励身边更多的姐妹，通过培训和舞台重塑自我，在事业与家庭、智慧与能力、素质与修养、气质与形象、生活与健康多方面都收获精彩，她更是利用自己的企业力量和社会地位，组织多场公益活动，带领着更多的人服务社会。

从成就自己到成就他人，"传奇夫人"的舞台上正是拥有众多这样的优秀夫人，才得以真正荣光永驻。

也许看完这个案例，有些不自信的女性会嘀咕了：人家是企业家，自己只是"平头老百姓"，不管是眼界和财力终究是高自己很多，她会有这样的意识和作为也不足为奇。

其实抱有这样看法的人，无外乎两个原因：

1. 她没有认识到自己已经担负了一份社会责任

社会责任不是一定要你有多高的成就，社会贡献也不是一定要你捐一百万、一千万，而是因为你的存在、你的幸福，可以随时随地影响到别人。

比如，你穿衣整洁，各方面做到让别人舒服愉悦；你知书达理，并教育自己的孩子也遵守基本的社会礼仪；无论面对多么卑微的职业，始终拥有一份美丽的心态，做一行爱一行……这些都是社会责任感的体现。如果每一个人都能做到这些最基本的东西，我们这个社会一定会更加幸福和美丽。

社会责任感就是好好地爱自己，让自己活得更美好。

因此，"传奇夫人"从每一位夫人最为现实的生活入手，分享相夫教子的心得和方法，学习美丽成就自我的信念，只为让夫人们成为内心真正幸福的女人，活得宁静、平和，可以波澜不惊地应对不论是家庭还是事业，不论是丈夫还是孩子等一系列的问题，从而维护好自己及家人的生活，这就是在为社会安定做贡献，就是在履行自己的一份社会责任。

2. 她没有跳出自己的生活圈子，获得一个更广大的社会舞台

有句话说"与天斗，与地斗，与人斗，其乐无穷"，其实这并不是要你去以刺猬的态度对待身边的人和事，而是强调一种境界的提升。如果你不突破自己的生活圈子，不去提升，不去获得一个更广阔的天地，你永远不能发现自己身上所蕴藏的强大的能量，即使是英雄也会无用武之地。

"传奇夫人"强调成就自我，更强调成就他人，因为成就他人就是在放大自己的社会价值。我们更是积极提供这样的舞台和机会，如今已经有越来越多的女性加入"传奇夫人"的事业，我们也相信未来"传奇夫人"一定会影响和改变更多的人。

努力变美，不是为了讨好谁，而是让自己更开心、更自信、更美丽；努力变强，不是为了战胜谁，而是让自己更优秀、更闪耀。不要用任何理由来搪塞自己，要告诉自己，你最大的价值在于创造更有用的价值。与每一位夫人共勉！

46. 给别人最大的爱不是施舍，而是引路

就个人而言，我们每个人来到这个世间都是因爱而生，求知成长，看到不同的风景，贡献不同的力量。

然而世事无常，人的爱也会缺失、会夭折、会消亡，甚至因此陷入困境，此时她们最需要的不是同情和施舍，不是你给了多少钱暂时帮她渡过了难关，而是引路：

给她一个重新爱的动力，给她一个重新爱的方法，唤醒她内心潜在的力量，对她未来家庭与人生的道路做一次幸福引领。

她是一名教师，曾以教书育人为己任，然而，命运和她开了一个玩笑，不惑之年却遭遇了人生巨变，丈夫破产自杀去世，留下一百多万的债务，儿子处在青春叛逆期，厌恶她厌恶这个家。家庭的不幸，仿佛抽掉了她所有的生机和希望，压得她不得不喘息，不得不离开心爱的讲台告假在家。

看着一个曾有梦想有活力的人就这样生生被抽去了生气，我的心莫名地被揪紧了，抱着单纯的想要给她找件事情做，转移她痛苦之情的目的，我邀请她参加了"传奇夫人"分享会。

一开始，她提不起任何兴趣，只是麻木地听，麻木地看。在一个恰当的时机，我把她推上了讲台。我只是觉得她需要倾诉。于是在讲台上，从一开始的生涩到最后的情不自禁，她娓娓道来自己的故事，多日来的压抑和痛苦倾倒而出，现场的每一个姐妹也都为她哭红了眼睛，纷纷上台拥抱她，有几个姐妹甚至当场捐助

了一些钱给她。我没有任何的"表示"，只是邀请她参加"传奇夫人"大赛。不是我小气，而是我知道此时她需要的不是财物。

也许是感受到了来自姐妹们的这份温情，她报名了"传奇夫人"大赛。但是培训的时候，自信心太过不足，我看在眼里急在心里，终于忍不住对她放了"狠话"：

"要么不做，要么就做好，痛苦不是你的借口，战胜痛苦才是你的本事！"

迁就、同情是改变不了她的，我们也安慰和开导她，就这样一步一步地让她的心境变得开朗、清明。

功夫不负有心人，当她最终和儿子一同出现在舞台上，当所有人都为她鼓掌和祝福时，当她看到学生朋友圈转发她舞台上的照片时，当她回想起培训时众多夫人对她的鼓励和帮助时，她哭了，内心一股股暖流在涌动，最终再次激活了她好好生活下去的动力。她动情地说："我是一名教师，我是一个妈妈，我不能忽视爱我的学生和孩子。为了他们，我必须坚强！"儿子也对她的表现给予赞美："妈妈，你真棒，我爱您！"

走下"传奇夫人"的舞台，她不再悲伤，而是用自己的实际行动来教育、引导学生；在家里，她既当妈又当爹，不仅给予儿子无微不至的母亲的关怀，也给予儿子父亲般博大与厚重的爱。在她的努力之下，儿子最终选择了自立自强，乐观地面对生活和学习；在她的影响教育下，她的不少学生顺利地考入了理想的高中。她也开始向我们的一些女性企业家学习理财和投资，一点一点地偿还丈夫的债务。

太阳依旧会升起，生活还是要继续，无论逆风前行，还是顺境坦途，始终微笑着迎接每一天，给亲人以温暖，给工作以热情，给社会以满满的正能量。今天，她是一名优秀的教师，一个伟大的妈妈，一个卓越的传奇夫人。

"传奇夫人"经常举办各类公益、慈善活动，但我们明白：

爱从来不是施舍，不是财物上的救济，因为财物总有用完的时候。
爱的根本宗旨，是要给被爱的人，找到一条光明、灿烂、有尊严的道路，这

是一种人格力量的升华。

它有可能是一个微笑，也可能是一个拥抱，还可能是一段促膝长谈……

这些可以孕育善意的种子与胚芽，能及时地植入或者传递于有血缘或没有血缘人的生命中，有可能会成为一股暖流，更有可能让一个原本对生活产生悲观、绝望的人重新获得力量。

今天有"传奇夫人"这个舞台，更是可以践行这份爱的宗旨。

我们在赛前会给每一个学员注入一种强烈、伟大的灵魂力量和高尚、豁达的人生意境。就像是医生把脉，我们会针对每个选手存在的问题进行引导和帮助。所以每一个来到"传奇夫人"的女性，都能收获一份成长和新的人生方向。

而这样的一个过程，对于"传奇夫人"的施爱者来说，所有付出都如同山谷回音，只要真心、诚意，所有的给予都会在一定的时候得到回应，最终你收获的一定是喜乐与安定，清静与放下，真挚与热情。

生命会因平等与尊重产生欢喜，由此传递爱、信任与理解。爱的出发点不是施舍而是引路。

47. 圆天下女人"五个梦"

梦想，不是专属于青春的烂漫色彩，任何年龄阶段，我们都可以拥抱梦想。

不管梦想大小，勇于追求，敢于实践才是真正重要的。

为什么我不可以站上舞台？

为什么我现在就不能去追寻自己年轻时的梦想？

为什么我就不能像个明星一样发光发热？

为什么我就不能成为孩子的榜样、先生的骄傲、家族的荣耀？

为什么我不能试一试？

那一年，她也带着这一份愿望与坚持，走进了传奇夫人。

其实，她是一个很幸福的人，从小过着富裕的生活。但是她又似乎有些不幸，在这样的条件下，她本该活成自信的模样，但父母的高期望却让她长期生活在对比的环境中，她感受不到鲜花和掌声，渐渐变得不自信，甚至有点自卑。

这种不自信后来还影响到了她的事业和家庭生活，直到遇到了"传奇夫人"，她开始意识到自己应该为梦想而活，而这样的觉醒和成长也让 40 岁以后的她发生了神奇的改变。

在"传奇夫人"的引导下，她开始学习礼仪、演讲、形态等各种提升自己的课程，她发现自己以前一直止步不前，过着平凡的生活，很大程度上是因为自己的不自信，不敢尝试。而现在的她，要努力，要为自己、为孩子、为家庭而改变，为梦想、为使命而活。于是，从海选到复赛，从复赛到决赛，从培训到舞台，每一次她都拼尽全力超越自我，把最好的状态展现给所有人。

如今，从厅堂走向殿堂，她不仅实现了自己的梦想，还带领身边更多的已婚女性实现自己的舞台梦、魅力梦、健康梦、家族梦和幸福梦。

她说："尽管我不是天生有完美的条件，但自己一直有一颗自信、积极向上的心，我要用我的爱和梦想去成为舞台上的榜样和标杆，成为孩子、先生和家族的荣耀。从而为更多的姐妹贡献自己的力量，帮助她们实现人生的梦想。"

梦想一旦被付诸行动，就会变得神圣。

现在已经有越来越多的女性愿意选择坚持梦想，并勇敢地去追求，这是社会的进步，女性的进步。只是女人面对自己身负的家庭责任，面对社会日益激烈的竞争压力，成就梦想似乎比男人更为艰难。但是在"传奇夫人"的舞台上，我却看到了那么多勇敢面对磨难，用积极的心态坚持自己的梦想并勇于实践的女性。她们当中有的已经不再年轻，但是周身所散发出来的那种魅力，如果不是历经生活的磨难选择坚持下来，是不会感觉那么强烈又让人敬佩的。

作为一个女人，我深刻地感受到她们身上的坚定和力量，我希望她们的那份力量能够传达给更多的人；作为"传奇夫人"的创始人，我的梦想是制造梦想，成就梦想，也希望用"传奇夫人"这样的一个舞台诠释我们女人心中的梦想。虽然这很难——

不是看到希望才坚持，而是坚持才看到了希望，最终实现梦想。

如今，通过努力、坚持和实践，我们归纳出对所有女人来说最为重要的五个梦：

1. 舞台梦，因为爱美是女人的天性

爱美是女人的天性，每一个女人内心都珍藏着一个舞台梦，希望自己能够在舞台上展示自己的美丽，引得身边更多人的喝彩。

2. 魅力梦，因为魅力才值得珍爱一生

如果说美丽的女人让人喜欢一时，那么魅力的女人则让人珍爱一世。容颜终究老去，唯有魅力永存。

3. 健康梦，因为健康是一切的前提

没有健康，再多的梦想也是枉然。而对于一个女人来说，健康还意味着美丽、自信、积极、乐观，毕竟谁都喜欢面色红润而又有内涵有担当的女人。

4. 家族梦，因为家是女人一生的心血

不管是生理原因，还是社会分工，抑或女人的天性，家是每一个女人最为耗尽心力去维持呵护的所在，圆家族梦就是让孩子、丈夫及其他家人以你为荣，这是无上的荣光和幸福。

5. 幸福梦，因为幸福是终极的追求

不管是舞台、家庭、健康，最终的目的就是修得人生的一份圆满和幸福。

一个传奇的女人，需要一个实现她梦想的传奇舞台。

"传奇夫人"不管是赛前培训，还是灵魂提升，抑或文化情怀，其一切也都是围绕这五个梦运转的。

人生之路以梦为马。希望未来能够有更多的女性在"传奇夫人"的舞台上收获梦想，抵达远方。

48. 你的存在就是照耀

一个女人之所以平凡，是因为安于平凡，安于现状。而一个女人懂得从平凡走向传奇，是因为——

她看到自己身上肩负的责任，敢于绽放心中的梦想，用传奇去感召世人。

2012年，我获得世界冠军，这是我人生的第一次闪耀，这与我家庭和谐、有爱、有梦想、肯付出息息相关。

也许对于有些人来说获得了冠军，就是获得了一种财富的资源，他会用这样的资源不断地增长自己的财富。

于是，有人问我："明一梦，有了这个世界冠军头衔，是不是打算开始名利双收了？"

我笑着摇了摇头。

其实，走下舞台我并不快乐，因为我看到了在一旁落泪的对手。在这个舞台上，你也许会成为冠军，因为你付出了艰辛、付出了汗水。与你相比，更多的人却在流泪。虽然她们也付出了，但是却不能站在舞台的中央。不是她们没有你努力，而是这个舞台在某一个时间点上，只有一个冠军，有了你，就没有她们。这就好比浩瀚的夜空，只能有一个月亮，她们只能无奈地去做那千万颗陪伴你的星星。看着她们黯然的神情，不知为什么我的心被触动了。

比赛回国之后，看到家人和身边的朋友为我欢呼庆贺，我突然意识到一个人的成功，最关键的要素是个人的努力，但也离不开家人和身边人的默默支持和付出。

没有人可以离开别人的帮助获得成功。

之后，遇到了几位女性，都有着一个舞台梦，有着渴望改变自己、改变家庭的强烈意愿，我觉得可以通过自己的成长和舞台经验来帮助她们……

也正是因为这点点滴滴的触动，我放弃了功利之心，开始一心一意地将全部心血倾注在"传奇夫人"上——

将自身的皇冠取下来，戴在更多女性的头上，让自己引领别人，感召别人。

同时开始为每一个传奇夫人打造闪耀、荣耀、照耀之路：

闪耀是基础，让女性自信，魅力四射；
荣耀是根本，让女性优秀有爱，幸福生活；
照耀是升华，让女性神圣光辉，传奇人生。

而我们打造的这条女性"传奇之路"，是将一切美好的品质和精神汇聚成一股能量，形成一个强大的磁力场，使之具备照耀的资本，"你的存在就是照耀"是传奇夫人的使命。

多年来，传奇夫人大赛培养了几千位获得各项桂冠的传奇夫人，她们组织的各种私享感恩会、关爱探望行动、时装魅力秀等把一个全新的家庭式夫人生活带给各位美丽的姐妹们；在传奇夫人组委会的带领下，参与各种社会公益活动，为社会贫困孩子捐款助学，组织各种关爱老人等慈善活动……爱行天下，我们从未间断，即便在我怀孕九个月的时候，依然开心地坚持去老人院演讲，为他们送上温暖和慰问品，也因此收到了很多感谢状。慈善在传奇夫人看来，不是在向外给予，而是自身的一种收获，爱与能量的不断丰盈。

这些传奇夫人传承着"传奇夫人"的理念和使命，秉持着"传奇夫人"的美好品质和精神，去照耀更多的女性，回馈社会。

一个人的优秀带动一群人优秀，

一个人的闪耀鼓舞一群人闪耀，

一个人的荣耀引领一群人荣耀，

一个人的照耀引爆一群人照耀。

爱无止境，人间也因各位天使而美丽、幸福。

然而，褪去传奇夫人的舞台"华衣"，在现实生活中她们依旧是千千万万个女性中的一个，她们所具有的品质也是千千万万女性所具有的，这也让我更加坚信每个女性身上都有照耀的本源，因为善良，因为爱，因为无私。

不管有没有一个世界性的舞台，我们都应该从一言一行开始，随时随地传播正能量。

也许，我们并不富有，也很紧张忙碌，但是这样的一份照耀，与其他无关。我们可以给予自己肯定和安慰，哪怕只是一个积极的心理暗示；可以给予朋友感激和关爱，哪怕只是一个真挚的拥抱；可以给予新人鼓励和引导，哪怕只是一句振奋人心的话语；可以给予困难的人安慰和帮助，哪怕只是一个无须成本的微笑。善良总会擦亮眼睛，你会发现美好并传递着美好，而这就是照耀！

我们要学会为自己的后半生"请命"，用爱、善良和无私将自己武装成一个懂得照耀的女人。这样，即使世界没有光，我们就是照耀彼此的那一道最闪亮的光；即使明天是世界末日，我们也一定会抱着这样一份无私奔赴地老天荒。

传奇能量场·成功挑战自我练习题

梦想，是生命自我提升式的期待，是生命更高形式的张扬，它给了个体更加自觉自愿地扩充人生价值、释放人生精彩的可能与过程。

然而，这个世界会有雨雪和风浪，会有荆棘和坎坷，会有失败和痛苦，会有迷茫和彷徨——圆梦并不是一个容易的过程。

所以我们必须拥有以下几点清醒的认识：

1. 明确自己的梦想

知道自己内心的渴望，明白这个梦想对自身的意义，才不会动摇你实现它的决心。而只有坚持用自己的力量去完成它，它才不只是个梦。

你的梦想是什么？

它对你的意义何在？

2. 圆梦之路你是否真的做好了准备

有句格言说道："此刻迟疑，只能做梦；此刻学习，才能圆梦。"是的，这是一个永恒不变的真理。所以你必须充分地认清现实，打消自己的疑虑。

实现梦想的有利和不利条件各是什么？

面对以上条件，你将如何调整计划？

3. 勇于尝试，敢于创新和实践

敢于创新与实践就好似我们心中的那盏指路明灯，它能照亮前行的路，点亮美好的未来。

能不能借助其他方式或渠道让你的梦想快速实现？

能不能借助一个更大的平台来增强实现自己梦想的力量？

第九章
让每个女人自成传奇

也许她们其貌不扬，也许她们平凡朴实，但是纵观古今，她们许多人所做的事，不仅需要勇气，也需要才智，甚至改变了历史。就像《女人世界史》作者罗莎琳·迈尔斯所说："女人是有历史的，她们的故事比我们所以为的更丰富、奇异得多。"

49. 你才是自己真正的贵人

现实中，很多东西都是想得而得不到，靠别人得到的东西都不是永久的。

女人，你要知道在你的生命里，你自己才是你最大的贵人。

我曾遇到过这样一个女人，她对自己的生活和丈夫有着很多的抱怨，在她的口中，丈夫简直又懒又自私，而她则是身心俱疲，一地鸡毛。

我问她："既然这么不堪，那你做了什么？"

她说："我能做什么呀？我什么也做不了！"

什么都不做，恰恰是她正在做的。现实中也有很多像她一样幽怨的女人，就这样放弃了选择和抗争的权利。

当然，我也见过很多了不起的女人，努力追求着她们公平幸福的生活。

她是好友的闺蜜，在生了孩子，做了若干年全职妈妈后，开始被丈夫嫌弃。这个年华不再、心力交瘁的女人，认同了丈夫的"黄脸婆"及一无是处的说法，也越来越看轻自己。

一次，偶然一起吃饭，得知了她的情况，我对她说："现在就有一个机会让你改变目前的现状，你愿不愿意接受？"

她问："什么机会？"

"传奇夫人！"我回答。

于是，抱着试一试的态度，她成了我们的学员。从不自信到成为魅力演说导师，从海选选手到"传奇夫人"全球执行主席，她一步一个脚印地成长、进步，

193

实现了从平凡走向传奇、从传奇赢得自信和荣誉的华丽转身。而她的这份传奇，也给了孩子最好的启蒙，当孩子看到自己的妈妈在舞台上荣光闪耀的样子，由衷地自豪和骄傲，并在心里把妈妈当成自己的榜样，像妈妈一样去成为更好的自己！

从舞台上走下来的她，还开了一家托儿所，这给了她极大的成就感和满足感。

如今蜕变后的她，给人一种知性、大气、温情的感觉，眉宇间表达出来的都是她对幸福生活的享受。她说："**一个女人的幸福不是因为你嫁给了谁，而是你本来就是幸福的化身，你的存在就是幸福的存在，你就是自己的贵人！**"

"你就是自己的贵人！"我非常认同她说的这句话。

说到贵人的时候，很多人往往有这样的一个误区：能给自己带来机遇的是贵人，能给自己带来幸福的是贵人，能给自己带来改变的是贵人……其实不然——

在任何机遇面前，是你在心里先接受了，给了自己尝试的机会，才带来后面的改变，所以真正的贵人是你自己！

可惜很多女性不是很明白这一点，常常看轻了自己的作用，把自己的幸福全都寄托在别人的身上。

曾经有一个绘本故事刷爆了朋友圈。故事的主人公是一位全职太太，在离家出走前，写给丈夫和孩子一句"诅咒"——你们是猪。因为女主人费尽心力照顾全家，却无人说一句感激的话。而"你们是猪"这句话引发了不少女性的共鸣，特别是全职妈妈的共鸣。她们义愤填膺地转发，或者直接发给自己的男人看，然后连带附送一堆的抱怨。

可是，这些抱怨着的女人，转发完朋友圈后，该干吗干吗去了。她们一边否认着自己的付出，忍受着操劳忙碌的命运，一边期待着自己的家人能够再懂得感恩一点儿。有用吗？没用！她们没有意识到——

作为一个活在现代社会的女性，所谓好命，从来都是自己去争取的；所有不公和伤害，都是自己默许的。

弗洛伊德曾说，如果一个男人要获得快乐，必须选择一个让自己获得长久快乐的女人。那么反过来理解就是：一个女人是一个男人快乐的持有者，她可以给予快乐，也可以收回快乐。在这样的过程中，女人一直都是有选择权的——选择即力量。而每一个真实平凡、血肉丰满的女人，都具备这样的权利和力量。因为——

我们有情感，有想法，
我们的身体是需要被珍惜的，
我们的心灵同样是独立、饱满和有力量的。

不单如此，其实在学习、工作，甚至各个方面，你都应当具有这样的能量和气场。当你有了这样的认识后，才会真正地去认可自己，珍重自己，才会明白原来不管选择家庭也好，选择事业也好，选择放弃也好，选择改变也好，能成为什么样子全在于你自己。

因此，在"传奇夫人"的平台上，我们会告诉每一个夫人：

不管是面对机遇还是困境，都把脊梁骨挺得直直的，脸上始终保持着明媚的笑容，身上穿上合体舒适的衣服，在人生的舞台上展示女性的优雅、魅力，你才是撑起自己的"唯一"，只有你自己真正精彩起来了，才是真正的精彩和强大。

幸福来源于自己，所有快乐，从来都是自己去争取的，你才是自己的贵人！

50. 你可以"引爆"任何人

在我们的生活中存在一种无形的力量，它不同于能力，但是能让其他人在短时间内感受到；它不同于智力，但它能让大家评估出来——这便是影响力。

影响力是一种独特的魅力，时时刻刻影响着周围的人，并且给予对方一种神奇的力量。对于女人来说，如果你想建立健全的家庭，你就必须能够正面地影响你的孩子、丈夫；如果你渴望魅力四射，你就必须用闪耀的自己影响身边的人；如果你渴望获得成功并成就他人，你就必须能够感染、感动他人。而最能体现一个人影响力的便是引爆力——"引爆"身边人的能力！

它可以瞬间释放你的气场和能量，从而瞬间点燃一个人的斗志和激情；
你可以通过它瞬间影响一个人的决定，从而作用其一生。

每个女人天生具备影响力，当她自身足够自信和优秀时，都可以引爆身边的任何人，这样的女人往往也是社会上最具成功素质的女人！

也许在很多人看来，她很普通，是个全职太太，个子不高还有点胖，然而正是这样一个平凡的女人，在"传奇夫人"的舞台上蜕变了，更是通过自己的影响力，成为当地很有名气的传奇人物。

那一年，她参加完大赛不久，就给我打电话说："我想在这边也举办传奇夫人分赛区，目前我已经感召到十几个姐妹了，也联络了一些赞助商。"

对此我非常地好奇，问她是怎么做到的。

她笑着对我说："不用我说什么，只要我现在一走出去，她们自然也就跟随了。"她还笑称自己是一张"移动的名片"。

原来，蜕变后的她，只要往姐妹群中一站，大家都能感受到她的那份自信、优雅，而她的家庭更是发生了翻天覆地的变化，不仅丈夫更加呵护珍惜她，她的孩子说到她的时候也是一脸的骄傲。这些姐妹们都看在眼里。通过"传奇夫人"的历练，她的每一句话也都非常有引爆力。

她曾和一个企业家谈合作。当时那个企业家对"传奇夫人"并不了解，也不看好，就不怎么待见她。她就单刀直入地介绍自己是"传奇夫人"中国总决赛冠军，并将"传奇夫人"的理念及影响力简单介绍了一下。

她说："我是一个冠军，我身边的人能够真实地看到我的蜕变，这就是我的号召力，我的资本。另外，如果有两个双胞胎姐妹，一个参加过传奇夫人，一个没有参加过，你觉得哪个含金量比较大？肯定是参加过的，因为她的见识和人生体验已经不一样了。这会让更多想要改变自己妻子的男人乐于将自己的妻子送上'传奇夫人'的舞台。当越来越多的人认识到'传奇夫人'，越来越多的女性加入'传奇夫人'，这对你的企业来说也是非常具有广告效应的，何况现在我们'传奇夫人'的中国总决赛，决赛地点是在亚运大舞台、鸟巢、星光大道，这些地点都是比较有标志性的，它不是小规模的赛事，而是全国性乃至全世界性质的女人盛事。"

她的这一番话，不仅让这个赞助商当场答应了赞助，还将自己的夫人引荐给她，希望他的夫人也像她一样自信和优秀。

后来她的那个分赛区举办得非常成功，在当地非常具有影响力，而她也成了当地的一名"传奇夫人"。现在她一走出去，仪态、气质、神韵、沟通、聊天都是有引爆力的。

"传奇夫人"有一个关于影响力的课程，其中有三句话影响了很多学员的观念，甚至改变了很多学员的处世哲学，这三句话就是：

我可以信任任何人；
我对自己和他人负责；
我具有影响力。

信任他人，是影响力爆发的基础。"传奇夫人"是一个帮助女性成长的平台，想要帮助就必须信任每一个女性，相信她们有绽放的潜质、蜕变的决心、大爱的胸怀，也唯有如此，"传奇夫人"才能真正帮助每一位女性成就自我，才能通过更多成就自我的女性去影响更多的女性。

同时，影响力取决于他人对你的信任，对自己和他人负责决定了他人对你的信任程度。"传奇夫人"不弄虚作假，不以营利为目的，实现女性梦想，积极奉献社会，本身就是对每一个学员负责，对社会负责，必然也会要求每一个学员对家人、朋友及身边的人负责。

最后，我们必须认识到自己具有影响力。影响力是一种独特的魅力，它不同于权利，不是强制性的，而是以一种潜意识的方式来改变他人的行为、态度和信念，并给予对方一种神奇的力量。不仅被影响的人们无法抗拒影响力，就连释放影响力的人，也无法阻止它对别人产生作用。我们很多学员表示不想做模范人物，但是她不了解，或者拒绝承认，她本身已经成为模范人物，这个身份不是她可以拒绝的，她是全家人、邻居、附近人的榜样。她所选择的舞台使她成为几百万人的榜样——如果她想，受影响的人数可能更多。

如果你能做到第一点和第二点，那你的人生将会非常地和谐和成功，如果你能做到以上三点，那你将会拥抱一个灿烂辉煌和极具人格魅力的人生。

当然，传奇夫人做的不仅仅是这些——

课程内容的学习，
舞台光环的笼罩，
自身魅力的闪耀，
演讲口才的加持，
气度格局的展现，
……

我希望每一个女性都能够成为"传奇夫人"，都会有"我可以引爆任何人"这样的自信和能量。

51. 瞬间切换，瞬间转变

我们穷极一生，追求那么多的东西，无非就是安全感、成就感和幸福感。

然而世事艰难，我们一方面要扮演妻子、母亲、女儿、员工等诸多角色，同时也要面对生活中时时出现的各种突发状况，很多人为此也会走入"情绪黑洞"，陷入一种过度强烈的情绪当中——

愤怒的时候，充满了破坏欲；

内疚的时候，会想着牺牲自己；

焦虑的时候，极大消耗耐心；

悲伤的时候，过度自卑、消极；

……

在这些状态下，我们不仅不能做自己想要做的事情，更是会给身边的人带来不安、压抑、恐惧等负面的影响，如此，又谈何成就和幸福？

我们必须想办法掌控自己的角色和自己的状态，修得一身八面玲珑的本领，轻松启动各种场合的瞬间切换模式！

在"传奇夫人"分享会上，她曾真诚地说："也许有点不谦虚，但是个人仍觉得事业和家庭这个对所有女人来说是'人生最重要的命题'上，我还算取得了一点点成绩，而我的做法也非常简单，在外我是他的得力助手，在家我就是贤妻良母。"

她将自己的人生分为了三个阶段，每一个阶段她都给自己定义了完全不同的角色，以便及时地将自己调整到对应的状态。

第一阶段：创业，做丈夫最好的红颜知己。

那时受改革开放的鼓舞，她的丈夫放弃了"铁饭碗"，凑齐了一万元开始创业，建立了一个良种孵化场，同时也在自家阳台养起了鸽子，配合试验。

作为妻子，每天她不但要记录鸽子的采食量和产蛋量，及时调整配方，还要骑一个小时的自行车从郊区的家到市中心商场去收账。

在她看来，男人在起步的时候就是一个刚刚走路的孩子，有着犹豫和期盼，女人这个时候就应该化身为慈爱的妈妈，要耐心、温柔，在他摔跤的时候能够扶着他陪着他，给他最温暖和灿烂的笑容，鼓励他坚定地走出每一步。这时的夫妻感情是患难与共的，他的每一份喜悦和失意都与你息息相关，你要做他最好的加油站和倾听者，你的每一个点滴支持都会成为他巨大的动力源泉。

她是他的红颜知己，更是他患难的妻子。这也是我们漫长感情画廊里最浓墨重彩的底色，它的深浅决定了此后所有画卷的品质。

第二阶段：回家，做一个贤妻良母。

事业有了起色，他们也迎来了一个小宝贝。看着她日益沉重的身躯，丈夫建议她回家做全职太太。但这对于一直以来热爱工作的她，难免有点"残忍"。

当丈夫刚提出这个建议的时候，她的内心有着一百个不愿意和不甘心，内心的小宇宙随时处在爆发的状态，但她还是抑制着情绪对丈夫说："你先离开让我考虑三分钟。"在这三分钟里，她内心进行了激烈的斗争，最后她想通了，并在心里对自己说："丈夫也是好心，不想自己太操劳。为了孩子，为了这个家，我愿意接受！"

那个时候她也做得很好。她独立承担了所有的家务，照顾老人，养育孩子……全身心投入到这个家庭里，把一个家经营得十分温馨，没有抱怨，没有牢骚，她要让丈夫安心，无论他在外是输是赢，家都会是他最后的栖息地。

第三阶段：参加"传奇夫人"，成为女性启迪者。

他已经有了自己的公司，女儿也已考上理想的高中，她开始寻思重拾自己的事业梦想，这时候她遇到了"传奇夫人"。

在"传奇夫人"的舞台上实现绽放后，她认定了传奇夫人为自己后半生的事业，她又将自己从全职太太的状态中自动调整成职场精英人士的状态，积极努力、吃苦耐劳，以一个女性启迪者的角色，开始了新一轮的奔波和付出……

她的丈夫更是毫不犹豫地支持她，因为对他来说自己是从她这里开始出发的，自己事业的根就在她的怀抱里，不可动摇。今天自己定然也会像她从前那般，让她的事业扎根在自己的怀抱里。

作为女人，我们有时要承受比男人更多的使命和角色，面对更多的生活状况，每一个步子，每一个角色，每一个阶段，我们都要毫无保留地做好它。通过她的故事，我更是肯定了一个好女人的两个标准：

"上得了厅堂，下得了厨房"，实现多种角色的自如切换；

"做得了主人，控得了情绪"，实现负面消极到正面积极的瞬间转换。

"上得了厅堂"，要求我们在外面能够有一定的见识和成绩，能够让家人为自己感到骄傲；"下得了厨房"，则要求我们要会做一个贤惠的女主人，在生活中关爱自己的家庭、爱人及孩子。

要自强自立，拥有自己的舞台，让自己成为舞台的主角；

要重视家庭，家人是自己最宝贵的财富，珍惜他们并给予他们幸福；

要珍爱自己，不被工作和家庭琐事完全束缚，造就一个快乐健康美丽的自己；

要关心社会，公益和慈善会让一个女人灵魂升华，实现更高层次的人生价值。

也许对很多人来说，第一个标准很容易实现，明白每个角色所赋予的责任和义务，现实生活中也有很多优秀的人作为参考，很快就能学会，市场上也有着各种各样的文章在教导着我们如何去做。但是第二个标准却是最难的，也是最容易被很多人忽视的。

相信很多人都看过《水知道答案》这本书：对水表达不同的情绪的话语，结晶就会不一样。可见，情绪是一种能量。

你处在不同的情绪里，就会给自己制造不同的能量，吸引来不同的东西。

我们曾在一个情绪管理课程里给学员讲过一个吸引力法则：当我们思想集中在某一领域的时候，跟这个领域相关的人、事、物就会被吸引而来。那么利用这个法则，当我们处在外界刺激，思想被各种负面的消极的情绪所操控时，吸引到的也必然会是消极悲观的东西，反之吸引到的则是积极乐观的东西。这也是为什么传奇夫人一直倡导要实现夫人的"五个梦想"，因为这五个梦想当中凝聚的是所有女性最为积极、阳光的一面，我们所要做的就是帮助夫人们修得一种积极健康的生活状态。就像我们一直所说的：快乐是一种选择，而不是任何事情的结果。并不是我们做了某些事才会得到快乐，而是首先我们去选择快乐，这样，在我们内心深处，才会生发出长久的平静和喜悦。

不要再简单地把情绪扔出来了，而是要看到我们为什么会有这样的情绪，能不能把它释放转化掉。

只有自信、智慧的女人才能达到如此自如和优雅的境界。然而这种功夫并非来自天赋，而是需要女人独特的敏感和悟性，需要在生活中不断地总结、思考、学习，把它与自己的生活融会贯通。

只是很遗憾，当今的浮躁、快节奏、高压力让许多女性疲惫不堪，无暇去感受和思考。所以"传奇夫人"以女人的视觉，将工作、生活和社会中的智慧娓娓道来，并结合许许多多现实的优秀女性智慧，帮助更多的女人成为一个豁达洒脱、优雅自如的幸福女人。

生活是个特别大的选项，其中的亲情、爱情、友情、事业、健康、爱好等往往交织在一起，我们应该了解世界的广阔，掌握处世的智慧，不把自己的困扰、情感、憋闷太当回事，从容应对，优雅绽放。

52. "我的奶奶是传奇夫人"

有的女人将美丽作为自己的资本，可惜岁月的风刀霜剑会让她韶华逝去；有的女人将魅力作为自己的资本，即使容颜不再，即使步履蹒跚，却依然风韵依旧。正所谓——

酒越存越香，历经岁月洗礼的女人也可以越来越迷人！

那一天，我们正在讨论"传奇夫人"新赛事的方案，一个十六七岁的小姑娘敲响了门，走了进来说要报名。

我笑着对她说："小妹妹，我们这个是已婚女性的赛事，你现在不能参加。"

她连忙说："不是我，我帮我奶奶报名的。"

听到这话，我吃了一惊，估计她的奶奶怎么也得六七十岁了。一问，老人家已经 76 岁了。

我们欣然接受了她的报名，因为在这个舞台上像她奶奶这样年纪的人并不在少数，她们身上也有着非常令人动容的故事和精神，而且她们的心态非常地年轻，保养得也非常好，我们都称她们是姐姐。

果然，这个小姑娘的奶奶虽然已经满头银丝，但依旧神采奕奕，一身得体的装扮，更是看不出她已经七十多岁高龄，让人赞不绝口的还有老人家跳的一身好舞，那功底一看就是年轻时候练过的（后来一问真是这样）。聊起她年轻时的岁月，她感慨万千地说："年轻的时候爱跳舞，只是后来有了一大家子的人要养活，就只好放弃了。没想到老了，还有机会登上舞台，真是幸福啊！"整个比赛下来，我们也被她这种乐观、积极的精神感染着。

考虑到她的年纪，我们想着在培训的时候多照顾一下她，没想到她来得比我们早，走得比我们晚，从来不叫苦不叫累，精神头比我们还足。闲下来的时候，她就会给我们讲她的经历，还会开导其他夫人。她还非常关注时尚，常常和我们说赵雅芝、安吉丽娜·朱莉、妮可·基德曼等，她说，好多从事艺术行业的女人都超级有魅力，平时要多多关注学习这些人……她的到来，给整个团队注入了一股活力，大家都非常喜欢她。

总决赛的时候，她带着两个50多岁的女儿和小孙女去走家庭秀，看着她们洋溢在脸上的幸福笑容，台下的人都被感染了。那一年，她也获得了我们的民选冠军。现在她的孙女逢人就说自己的奶奶是传奇夫人冠军，一家人也都以她为荣。

其实，在"传奇夫人"的舞台上有着许许多多像她一样的老大姐，我们的舞台上更是迎来过"花样奶奶团"这样的明星奶奶。在舞台上她们是永远不显老的女人，在生活中她们是永远有追求、有梦想的女人，她们用自己的行动证明了——

一个女人，即使走在了生命的终端，只要心依旧年轻，梦想依旧，依然可以很美！

只是很多上了年纪的女人并不是很明白这个道理，任由自己的心和脸一起老去。对她们来说，已经成功地养育了儿女，不用操心，不用劳累，接下来的日子不过是混日子。

曾经有个阿姨无奈地告诉我："你有没有老，自己心里明白。不是皱纹，而是感觉有一日你爬不起来，心中紧绷的某些东西垮了。出不出门一个样，早晚一个样，每天都一个样。"当时听完我心里莫名地堵得慌，也在心中暗暗发誓如果自己老了，定然不要这样。所幸"传奇夫人"的那些老大姐又给了我们极大的希望和鼓舞。

请别再因人生过半，而唉声叹气；
别再因儿孙成群，而颐养天年；
别再因年华已逝，而熄灭梦想。

就像我们"传奇夫人"所倡导的那样：**关注自己的灵魂，充满魅力地老去。**哪怕岁月给了你满脸的皱纹，你可以转化成用各种知识来武装自己充满激情；哪怕岁月给了你满头的白发，却挡不住你把灵巧的双手伸给需要帮助的人。岁月可以夺走你的一切，却夺不走你那颗宽厚、智慧、纯真、善良的心。

尽管岁月是女人的天敌，但是最美的女人往往是经过岁月之刀雕刻过的。这样的女人看尽人间风景，才会有真正的聪慧，才会修炼出自己独具的气质和修养，才会有自信，才会让岁月遮不住这种由内到外散发出来的美。女人，你要美丽到老！

53. 生命边缘的传奇

人生总是充满着变数，一些得到的东西，不一定会长久；一些失去的东西，未必不会再拥有，重要的是——

让心，在阳光下学会舞蹈；
让灵魂，在痛苦中学会微笑。

这样，无论何时何地，苦难和泪水都只是生命的一个插曲。

几年前遇到她，正是她身体最不好的时候，得的是肿瘤，大大小小的医院基本都去过了，经常一住就是半年，最短也是两三个月。

自从她得了病，家里的氛围一度非常紧张，家人处处限制着她，不让她做这做那，每时每刻都把她当成一个病人来看待。她也变得更加敏感多疑，有的时候连家都不想回，总是看起来心事重重，又害怕在外面被别人瞧不起，心境莫名地凄凉和无望。

她时常一副生无可恋的样子对我说："人生的步伐到底带着我走到了生命的边缘。有的时候，回头看看一屋子紧张兮兮的家人你却什么也做不了，你会觉得了无生趣。"

有一次我实在忍不住了，便问她："那你有没有想过自己真正想做什么？"

她一愣，随即摇了摇头。

我意识到不能任由她这样无所事事地胡思乱想下去，便对她说："你来帮我吧，在这个过程中，也许你会发现自己真正想要做什么。"她想了想就答应了。

接下来的日子，她和我一起出入各种"传奇夫人"的训练场，一起参加各种分享会和慈善会。有一天她找到我说："一梦，我知道我想要什么了，我想参加比赛，也想站上舞台。我都是快死的人了，不想留下遗憾。"我等她这句话已经很久了。

于是她一边继续帮我准备各项比赛事宜，一边参加培训，时不时还会和选手交流一下生活小技能。她做得一手好糕点，很多夫人都非常羡慕。那段时间明显能够感觉到她像换了个人似的，每天忙忙碌碌，脸上却始终洋溢着笑容。

在"传奇夫人"的舞台上，她非常动情地说："自从我得病了以后，时常想着人应该怎么活着？'传奇夫人'让我对这个问题有了最完美的解答。其实没有一个人甘心平庸地活着，即使是小草也在努力为春天增添一丝绿色。那么，我就是这棵不起眼的小草，在有生之年尽自己最大的努力，活出自我，为曾经像我一样陷入困顿的女性传达一份爱心，让她们通过我的故事而珍惜身边的幸福。"

她的演讲激励了很多人，她的积极乐观也感染了她的家人。她的家人不再限制她，只要她高兴，全都极力配合她。之后，她心态非常放松，热衷于"传奇夫人"事业，并奔赴各种慈善会和公益活动，全然忘记了自己是一个病人。

如今，一年时间过去了，她的身体不仅没有越来越差，整个人反而越来越有活力。前段时间她打电话给我，非常激动地说："一梦，我的病情彻底好了，也不知道咋好的，反正就是好了。"

接到这个电话，我真是由衷地为她感到高兴。

其实我知道她是怎么好的。很多时候面对病魔，我们是被"吓"死和绝望死的，当你的精神足够放松，等你重新寻得人生的意义，你还会怕，还会不去努力吗？试想，我们身边有多少生命的奇迹不是来源于坚强的意志和乐观的精神？

遇到困难和挫折，我们应该寻着自己心灵向往的深处前进，前进只为了自己的梦想，只为了当自己挣扎于生命边缘时不会后悔。

人生，可以说是一段曲折而坎坷的路。在这段旅途中，你会遇到重重的困难，生老病死、失败的打击、不被人理解的痛苦等。但是，这一切都是短暂的。在突破障碍、战胜困难后，回顾走过的道路，我们就会领悟到，那是磨炼人生的火焰。多少伟大的女性都是在熊熊燃烧的火焰中锻炼出来的，和她们相比，我们在学习和生活中遇到的困难实在是微不足道，我们有什么理由唉声叹气、裹足不前呢？

所以，问一问自己，到底在追求什么？是风风光光的一生，还是平平淡淡的一世？

真正懂得如何运用能量做事的人，才会体会到"活的能量"生生不息的价值。

"传奇夫人"不仅要让女性圆梦，更是要赋予她们一份生的力量，让她们足够的乐观、坚强，拥有崇高的理想和优良的素质，这样才不会被生活所拖累，不会被不幸所压倒，才会在苦难的熊熊烈焰中坚强起来，成熟起来，去热爱生活，去充实自己，去迎接美好的明天。

54. "传奇夫人"不仅是一场赛事

时间会刺破青春的华丽精致，会将平行线刻上美人的额角，但却改变不了女性的力量。

那一份份闪耀、荣耀和照耀，会将我们定格在闪亮的人生舞台。

2015 年，我们在鸟巢举办传奇夫人大赛，当时请到了一位非常厉害的评委。看完整场比赛，他非常好奇地问我："你从哪里找来这么多的演说家？"在他看来，我们学员的演说水平都是导师级别的。我说："其实，她们很多人在参赛之前连自我介绍都讲不清楚的。"听完后他非常震惊。然而，对每一个历经"传奇夫人"舞台的人来说，这样的奇迹一点都不稀奇。

我始终觉得女性是最了不起的存在，每个女性身上都拥有巨大的潜能。同时她们身上也承担着巨大的压力。

不论是职场、家庭还是社会，女性承担着各种重担，也非常不容易，尤其那些自身有着各种各样梦想的女人。如何在压力与梦想之间平衡，释放出女性潜在的力量，是我一直以来关注的所在。

所以，从一开始创办"传奇夫人"，我便从精神高度进行规划，不仅有完善的企业文化、宗旨和理念来帮助这些女性获得强大的精神力量，更是通过一些实际的操作将其变成一个确实能够助力女性成就传奇的系统性训练，确实帮助她们成长、圆梦。对每一个女性来说——

"传奇夫人"不仅仅是一场赛事，更是成就女性的传奇能量场，是开启她们传奇人生的一个开关。

传奇夫人这份光荣的使命感一直感染着这里的女性，她们也不断用自己的进步告诉人们——

我们将会是这个舞台上永远的传奇，也将会是自己人生永远的传奇。

1. 事业得到了改变

"传奇夫人"是一个世界性的平台，当你站上"传奇夫人"的舞台，你的胸襟、眼界和格局都将发生改变，这会极大地助力你的事业成长。同时，"传奇夫人"也是一个品牌，对很多女性来说是一个创业的机遇。现在我们很多分赛区的执行者就是将"传奇夫人"当成自己的一个企业去运营，去收获。

2. 家庭得到了改变

试想，当你的孩子面对众人骄傲地说：我妈妈是"传奇夫人"，她真的是我内

心的楷模——让孩子有一个用财富无法替代的自信点，这是作为父母一辈子最重要的事情！

当你站在北京 CCTV 星光大道舞台荣获传奇夫人大赛桂冠时，我想那一刻你一定会喜极而泣，无比的感动与自豪！你会感恩父母的养育之恩，感恩爱你的家人与朋友，感恩所有伤害过你、鼓励过你、陪伴过你、欺骗过你、支持过你的人。因为有了这一切，你才有力量有机会站上世界的舞台代表中国女性为国争光——那将是你的父母和先生、孩子最大的荣耀！

3. 人际关系得到了拓展

"传奇夫人"会聚的是众多优秀的女人，她们有地位，有实力，有品德，有爱，有奉献精神，会让女性得到一个更加高端的人脉圈，从而站在一个全新的人生高度来看待生活和社会。她们更是不忘把自己的美与他人共享，用自己的力量去帮助别人也站在美的舞台，成就完美的自己。

4. 自身得到了成长

"传奇夫人"有培训，有讲台，有舞台，它给女性提供的是一个全方位的绽放空间，同时，它更是有精神、有能量、有高度，是触及灵魂的一种培育，会极大地促进女性由内而外地散发出不凡的魅力，找寻到人生真正的意义所在。

从平凡走向优秀，从优秀走向传奇，每一位女性都可以呈现给我们永远的美丽和幸福。我们更希望让这份传奇在全世界开出最灿烂的花朵，给予更多的女性芬芳和希望。

传奇能量场·成功挑战自我练习题

　　女性的力量能够成就女人一生的传奇，而这份力量不是来自于拥有多少金钱、财富、权力，能够支配多少人，觉醒本身就是一种力量，当你能够了解自身，了解你真正热爱的东西，你真正有能力有兴趣，并愿意长久去做的事情，这样一分自我的发现本身就是一种巨大的力量。

1. 停止"附属品"的日子

　　很多女性一直在为别人的认可而活，为讨别人的喜欢，要看别人的眼色，别人对她的情绪稍微有一点点变化她就翻江倒海，觉得日子过不下去了。殊不知，当你没有一个独立的个体自我认知的时候其实生活是很被动的，而且困难无处不在。

　　在多重角色中，哪一个角色对你来说是最重要或是你最享受的？

　　你会让自己专注最重要或最享受的这个角色吗？为什么？

2. 拥有和痛苦相处的能力

有人认为幸福就是没有烦恼，人怎么可能没有烦恼？人怎么可能没有痛苦？因为有痛苦，所以你更珍惜幸福，幸福不是没有痛苦，而是有和痛苦相处的能力。而人真正的成长大概也都是在痛苦挣扎的过程中发生的，而且这已经成为人生中的一种财富。

目前最让你痛苦的是什么？

你打算如何来改变或结束这种痛苦？

3. 成为优秀的女性

每个女人都有各自的优秀之处，但是需要适应环境的变化。有的人特别坚韧，有的人很有责任感，面对不同的女性、不同的环境和时代，我们都应该发现不同的闪光点。

你认为自己心目当中的优秀女性是什么样的？

你如何成为这样的一名女性？

第十章

传奇！照耀世界

　　有人说："如果这世界没有女性，那么这个世界将会失去十分之五的真、十分之六的善、十分之七的美！"是的，没有女性，我们不可能拥有一个多彩的世界。

55. 有智慧更自强

　　造人的女娲、文笔胜过须眉的词人李清照、两度获诺贝尔奖的海伦·凯勒、纺棉的奠基人黄道婆、科研成果卓著的居里夫人等，她们是优秀女性的代表，是对女性伟大的最好诠释。

　　如她们一样，成为"有智慧的女人"，是我们能为这个世界做得最棒的事。

2015 年 6 月，我迎来了人生中的又一个意义非凡的荣誉。

那一天，阳光明媚，冼夫人文化广场正在如火如荼地举办冼夫人形象大使聘任仪式。当台上念到"明一梦"三个字的时候，我竟一时有点缓不过神来，不敢相信自己真的成为了冼夫人形象大使。

冼夫人一生历经三朝，身为母亲，她为人明大体、识大义，给家族做出了最好的榜样；作为统帅，她安抚百姓，使岭南地区安定繁荣达半个世纪。她毕生贡献，不遗余力，一生传奇，是拥有爵位的第一位女将军，妇女开幕府建牙肘的第一人，妇女任使者宣谕国家意志的第一人，妇女享万民祭祀的第一人，妇女为国立德立功的第一人。

能与这样的传奇女性结缘，真是我莫大的荣幸。

站在舞台上，那一刻我也下定了决心，要大力弘扬冼夫人文化，让冼夫人统一民族和谐的精神传遍更多的国家与家庭。同时，我也进一步认识到"传奇夫人"的意义，这是一个让女性觉醒的平台，是向全世界展现女性力量的平台，我们的每一个夫人也都可以像冼夫人那般影响家族，影响国家进而影响全世界。

过去常说的一句话是"少年智则国智，少年强则国强"，今天通过冼夫人，通

过我自身的成长，我领悟到，一个智慧的少年是谁孕育出来的？一个强大的少年是谁培养出来的？母亲！

其实，不单是子女教育方面，一个家庭，一个社会，乃至一个国家，其进步都伴随着女性的自立觉醒、知识觉醒、情感觉醒、尊严觉醒、女权觉醒。

事不难，无以知女人。相对男人而言，女人的一切更接近生命的本质。我们也有"豪情王者、气吞山河、书生意气、壮怀激烈"，但是不会不着边际，尤其在生死存亡、国破家亡、大难临头之时，女人的实际、忧患、忍耐、刚强、智慧、能力、包容等，都会化险为夷。

如果女性受到压抑，会是每个人的损失；如果女性胜利了，那所有人全部都是赢家。

我们必须站在世界的高度，重新思考自己的生命意义，才有能力重新塑造自己。就像我曾经说的那样：

随着女性知识的增长与内涵的丰富，我们会散发出永恒的魅力。

社会责任感让我们拥有无限的生命动能！尽我们的一份责任，为了自己和他人，把这个世界变成一个美丽的地方。

只要姐妹们有远大的梦想和坚定的人生使命，谁都可以成为"传奇夫人"，只要活出真我，谁都无法超越你！因为，你就是世界的唯一！世界也将因你而精彩。

56. 女人要照耀，不要炫耀

人生不易，收获的点滴成就在很多人眼中都可以成为炫耀的资本，于是，我们会看到有人炫耀爱情，有人炫耀孩子，有人炫耀财富，有人炫耀地位……

而真正大气的女人，自己本身有强大的能量，她不会炫耀，只会照耀别人，给别人温暖，给世界光芒。

她应该是我遇到的最为傲慢的一个学员了。

也许她认为她有这样的资本：她完全靠自己的能力白手起家，成就了不凡的事业，出门专车接送，平时人来送往；她拥有一个幸福美满的家庭，她有足够的财富和时间享受自己所谓的高品质生活，可以毫不犹豫地买下几万块钱一个的包包，可以随心所欲地来一场说走就走的旅行……

当我们邀请她来参加优雅仪态训练课程时，她傲慢地问道："你们用什么车来接我？化妆师准备好了吗？"

当我训练时说高手都是最后出场的，她就要走最后一个，成为压轴人物。

当姐妹们都在认真地训练时，她会一惊一乍地故意嫌弃自己身上万把块钱的衣服不好看，让其他学员看她新买的名牌鞋子走起来是不是更加摇曳多姿……

然而和一般的培训不一样，"传奇夫人"不是为了证明自己要成功，而是讲如何成就自己。

随着"传奇夫人"训练课程的深入学习，她慢慢意识到原来自己曾经所认为的优秀都是假象的优秀，一个人不仅要活得真实，自信幸福，还要去帮助引领别人，实现自己更大的人生价值。这样的认识也极大地改变了她。她放下了自己的傲慢和做作，开始真心实意地成长自己，不再炫耀自己，而是真正懂得了用正面积极的力量去影响别人。

她虽然学过很多东西，但是不会讲课。我们就引导她，对她说："你有了这些成长和收获，你可以去讲课，让更多的女性进步。"现在她也开始讲课了，分享自己所拥有的，让更多的人受益……

如今她展现的那种神韵、自信、使命感和能量场已经完全不一样了。她说："感谢'传奇夫人'，让我收获了另一个高度的人生。"

其实在"传奇夫人"的平台上，有很多像她一样从过去的"小我"转变成"大我"的女性。

"小我"炫耀，"大我"照耀，人生不要炫耀，因为炫耀是一文不值的：不要炫耀你的钱，放在医院就是纸；不要炫耀你的工作，你走了也有人能替代你；不要炫耀你的房，你去了，那就是别人的窝；不要去炫耀你的爱情，再多的甜蜜也会被时光磨平淡；不要去炫耀你的孩子，这个世界永远有比你孩子优秀的孩子……

舞台有多大，梦想就有多大，梦想有多大，能量就有多大！

现在，我们要做的就是获得一个全新的成长平台，让你自己成为一种光芒，不是穿得光鲜亮丽，而是你的出现让每一个人焕发一种能量，让更多的人幸福。就像我时常讲的那样：

"传奇夫人"不是选美，不是走秀，不是炫耀，没有身高年龄的限制，只要你有一个强大的梦想，只要你有一颗愿意成长和助人的心，"传奇夫人"就可以成就你。而且我们也不倡导一定要去追求冠军，我们倡导的是成为生活中永恒的冠军，我们希望每一个小家的幸福都可以去影响一个"大家"的幸福，影响一个国家的幸福，从而影响全人类的幸福。

我真正想看到的就是更多的传奇夫人走出国门，照耀全世界！

57. 走出中国，走向世界

爱家爱国是根植在我们骨子里、融进血液里的东西。在经济全球化的今天，具有五千年悠久历史的中国文明焕发青春，并在政治、经济、文化等领域产生了巨大影响。我们为之自豪骄傲，我们更是应该为其贡献一份自己的力量。

每一个女人都应该傲然地走向世界，让世界见证东方女性之美。

2012 年，对我来说是非常重要的一年，那年，我站在全球的舞台挥舞着五星红旗与五十多个国家的夫人同台竞赛，并在美国加州荣获首个华人"世界冠军"。

当时在美国我非常注重自己的一言一行，训练期间，有服务员给我们送点心时我都会去拥抱他们，向他们的服务表达自己的感激之情，因为在那一刻我意识到我代表的不是我自己，而是我的国家，我必须时刻展现出中国礼仪之邦的风度。后来上台演讲，我也不自觉地将自己放在国家、世界这样的高度来发挥，诠释自己的梦想，我从女性角度，谈到一个女人承载着一个家族、一个民族乃至世界的使命，未来我要通过我的努力去引领更多的女性。做这一切完全是自发的、真诚的，因为那一刻站在那里，就有为国争光这样的使命和意识。

回来之后的第二年，我担任了这个赛事的全球副主席，并协助组委会在我国成功举办了分赛和总决赛。当时一个分赛的授权是 30 万，我通过自己的人脉和努力，一个月的时间给组委会谈了 7 个授权。而在我国比赛的赞助，我可以毫不谦虚地说 95% 是我感召的。

终于要到全球总决赛了。我找到负责人和他提了唯一的一个要求——当评委。

因为我是这个赛事的世界冠军，我有这份自信，我大大小小也经历了不少赛事，积累了不少经验，加上我是中国人，我代表的是中国，我觉得自己有这份资格和资历。然而，事与愿违，我被安排在了第二排一个嘉宾的位置。

当时我就萌生了一个想法：**将来我一定要创办一个民族的、世界品牌大赛，不仅要让我们中国人能够美美地站立在世界民族之林，更要让中国人在世界的舞台上也有"发言权"！** 后来见证了许许多多优秀夫人的成长，我更是坚定了这样的一个想法。

今天，"传奇夫人"做到了，我们已经培养了无数名优秀夫人，给众多家庭带来了幸福，更是将"传奇夫人"的舞台推向了全世界，已经有越来越多的世界各国夫人加入，她们共同通过这个舞台展示了自己，展示了中国的优秀文化。

就像2017年我们的启动仪式上，面对着各级领导及现场上千观众所说的：中国人完全有能力打造自己的民族品牌，让更多的女性得以提升自身的素质，实现各自的理想，积极地大力弘扬中华民族传统文化精神，并让具有魅力与智慧的中国女性走向世界！而我也会带领"传奇夫人"团队竭尽全力引导全球各个国家会员及华商积极参与到"传奇夫人"大赛的活动中来，让"传奇夫人"的海选活动落地于全世界各大城市。

也许我们无法像第一夫人那样可以时常出现在各国政要面前，出现在重大电视节目里面，向全世界的人展现优美谈吐和不凡魅力；也不能像电影明星那样闪耀地出现在大屏幕上，让千千万万的人欣赏、喜爱；但是我们却真真切切地存在普普通通人的身边，一步一个脚印地通过影响身边的人进而影响全世界。毕竟这个世界拥有的还是"普通人"多些，毕竟这个时代也是"草根"崛起的时代，我们依然可以像星星那般闪耀天空，像英雄那般荣耀社会，像太阳那般照耀世界，我们更是可以代表每一个中国人走向世界。因为——

在中国整个社会价值中，我们是一个母亲、妻子的角色，是"推动摇篮"的这只手在塑造着我们这个民族明天相信什么信仰什么；

在传统文化的传承中，我们的一言一行由内而外都是中国文化的印记，都可以代表一个国家。

我们应该有这样的觉醒和使命。如果我们真的能通过这样的一种民族情怀和民族使命感，去影响整个人类，就意味着"中国人"这三个字存在着更大的价值。中国幸福，世界幸福，那才是我们每个人活着的真正价值。

当然并不是每一个人都会有这样的认知高度，但是没关系，我们可以慢慢提升，可以从身边的小事做起，先让自己的家人和身边的人幸福。

中国占据着世界五分之一的人口，如果五分之一的人感到幸福，不就意味着这个世界越来越幸福了吗？

你也可以像曾经的我一样通过最快的方式，寻找到一个世界性的成长平台，或世界性的赛事，把自己推向世界。今天我可以告诉你，"传奇夫人"会是你最好的选择。

"传奇夫人"尊崇中国优秀的传统文化，专注打造东方女性之美。在"传奇夫人"的平台上已经走出去了不少"国际夫人"，她们远嫁国外，相夫教子、宣扬国学、讲述传承……举手投足莫不恰当而充分地展示出东方女性的魅力；也有不少"洋夫人"慕名而来参加我们的赛事，接受我们舞台的洗礼，接受中国女性优雅、贤淑文化的洗礼。它的规模也已经越来越大，成了全球著名的女性赛事之一。

女人，不要活得太小太窄，爱自己，爱家庭，爱国家，爱世界，你会发现你的世界比你想象的精彩。

58. 打造全球已婚女性大赛榜样品牌

嚣尘世里，芸芸众生沉浮其中。人类梦想金钱，有了现代社会财富的极大涌流。可我认为，若有的尽是那些个人私欲，不如根除。

我梦想打造一个全球已婚女性的成长平台，有了"传奇夫人"！

当时有不少人觉得我"傻"，他们并不看好这个市场，更有人向我出谋划策，建议我找几个年轻漂亮的美女模特去充场面，制造一点轰动，这样拉赞助就比较容易。但是我拒绝了，这不仅违背了我的本心，也是一种我所不耻的弄虚作假的行为，更不是一个品牌该走的路。

曾经接到这样一个电话，对方在电话里理直气壮地对我说："我想承办传奇夫人大赛分赛，资金方面你完全不用担心。"

我问她："那你对我们的大赛了解吗？"

她回答："需要什么了解，大赛不都那样，选几个美女上场，重点制造一下气氛、轰动一下场面吗？"

我对她说："对不起，如果你是抱着这样的认识，我们不同意你的承办请求。"

是的，在我的眼里，"传奇夫人"不仅仅是一场大赛，它更是成就女性的平台，是一个全球已婚女性大赛的品牌，这里面凝聚着我及其他千千万万个传奇夫人的梦想和使命，我不能因为钱而砸了招牌。

还有一个想承办大赛的人，她是从事女性产业的，觉得"传奇夫人"能够极大地促进她的事业，从 2014 年开始就和我们谈分赛区的主办权，并要签五年合

同。我没有同意。第一，她没有参加过比赛，对"传奇夫人"的理念并不是很了解；第二，她没有这样的思想高度，使命感和心愿不够。于是我毫不犹豫拒绝了她。

我还遇到过这样一个学员，一个企业老板的年轻太太。

当我向她发出"传奇夫人"的邀请时，她却说："'传奇夫人'啊，我知道。那我上了这个舞台会出名吗？"

我无奈地摇摇头："可能会出名吧，不过肯定会让你成长。"

她想了想说："没关系，我可以花钱包装自己。"

我说："对不起，我们这里不允许弄虚作假。不过我还是欢迎你来参加，参加完之后，我相信你会改变的。"

事实也正如我所说，整个赛事结束，她果然改变了很多，还为之前自己的言论向我道歉。

……

在筹办"传奇夫人"的这两年我遇到了形形色色的人和事，但是我始终明白——

保持初心，不能砸牌子！

面对当今浮躁的社会，难免有人会向权和钱看齐，抱着功利之心从事着各种活动。有的人参加我们的赛事是为了出名，有的人承办我们的赛事是为了获利。为了维护"传奇夫人"的品质和使命，使它达到一个品牌应有的效应和影响力，我们始终坚持两个标准：

1. 参赛者的纯粹

我们从来不弄虚作假，只要是愿意改变自己，拥有一颗大爱之心的已婚女性都可以参加我们的赛事，而一个年过花甲的女性能够获得冠军，这更是许多赛事不曾出现过的情形。

如果是抱着不纯目的参加比赛的人，我们也欢迎，因为通过这个舞台，通过我们的培养，可以提高她的境界和格局，最终她也会变得"纯粹"。

现在从我们这里走出去的每一位选手都非常优秀，她们发自内心地热衷于女性事业，帮助更多女性成长，更是有不少人致力于慈善公益事业，她们活着已经不仅是闪耀自己，还在照耀他人。

2. 承办者的纯粹

为了维护这个品牌，我们对传奇夫人大赛的承办人有着非常严格的要求。她不仅要具备承办的经济条件，更要有梦想，会去追求美，有社会责任感，对我们的大赛文化和理念非常认可。而我们也有一套非常完善的运营系统，我们会教每一个承办者从新闻发布会到平时举办的沙龙再到培训……每一个环节如何传递"传奇夫人"的理念，并有历届的传奇夫人去辅助他们。同时我们大赛组委会的成员也都非常优秀，有经验，可以随时随地解答承办者的疑惑，给予最大帮助。

截至目前，传奇夫人分赛区的承办者大部分都是历届的选手，有的没有获奖，有的是获得单项奖项，有的是冠亚季军。因为她们本身是大赛的受益者，更是优秀女性的杰出代表，对大赛的文化有着非常好的传承。

也正是我们的这些严格要求，传奇夫人大赛品质、口碑始终如一，也真正意义上保证和体现了它的价值。经过多年的精心经营，"传奇夫人"已经成为国际性的知名赛事。

当然作为一个品牌，它的发展壮大离不开大家的支持和鼓励，我们也欢迎有着大爱之心的有识之士加入我们的团队，共同促进当代女性事业发展。

59. 让全天下女性觉醒、幸福

当柔情似水成了女性苦心孤诣的目标，当小鸟依人成了女人实至名归的褒奖，当待价而沽成了女人旷日持久的状态……

有些女人似乎也遗失了那份水滴石穿的力量，
折断了那对一飞冲天的翅膀，
黯淡了那份弥足珍贵的光芒。

曾有一个诗人这样赞美女性："女人是山，端庄大方；女人是水，柔情绵绵；女人是书，满腔智慧；女人是港，安全可靠。"所以我希望所有女人都能重拾这份荣光，让自己觉醒、幸福！

刚开始创办传奇夫人的时候，有人问我："这个传奇夫人在你脑中是一个什么样的画面？"

其实我脑海中的画面很简单，就是她们自信、美丽、优雅地站在舞台上绽放的情景，让她们通过赛前训练，通过舞台，挖掘自身的美和自信。因为我自己就是这么过来的，我相信这样的体验也会让她们受益终生。

后来随着赛事规模的扩大，文化、培训体系的不断完善，眼界的不断开阔，我将这个赛事正式命名为"传奇夫人"，因为我看到了它的影响力，它不仅可以让每一个女性实现舞台梦，还可以让每一个普通的女性变得"传奇"，可以将幸福的种子播撒进每一个已婚女性的心中，让她们真正地觉醒，感受到幸福。传奇夫人在我心目中便成了这样的一幅画面：无论何时何地，千千万万的女性和她的家人朋友都洋溢着幸福的笑容。

我不能说我可以让全天下的女性都来参加我们的赛事，但是让女性幸福、觉醒是我的一个梦想，我也会不断地去追求这个梦想。我也相信：

随着越来越多人加入"传奇夫人"，将会有更多幸福的种子播撒进更多女性的心中，她们会裂变式地将这个种子带给身边的人，让每一个人都更加幸福。

为了达到这个目标，我们从女性角度出发，继续秉承着传奇夫人的宗旨和责任，除了外在仪态、妆容、服饰等训练外，同时聚焦当下女性最关注的"女性精神成长""和谐关系处理""情绪健康管理""魅力口才培养"等系列课程领域，并进行深度的探讨，致力于帮助天下女性寻找属于她们自己的内在力量，维护家庭和谐，创造幸福生活。因为我们知道：

在心灵上打好了非常稳固的内在基础，才能涌现出无限的能量和爱，才能涌现出无限的幸福感。

这才是真正溯本求源的道路。

现在很多人的生活是本末倒置的：

追求外在的华美，内心却荒芜如草；

讲究物化的精致，灵魂却粗糙麻木；

善于夸夸其谈，却胸无点墨；

耗时费力追逐诗与远方，却走马观花；

作秀慈善装扮"伪善"的面孔，却吝惜对身边人的点滴付出；

……

有太多的问题和因素阻碍女性去获得真正的幸福。而我们想做的就是依靠强大的精神力量，去唤起更多女性的觉醒。我们想要告诉每一个女性：

你的人生是否幸福，衡量的标准不是外在的成功，而是你对幸福意义的独特领悟和坚守，从而使你的内在自我散发出力量的光华。

幸福没有捷径，只有经营！当今女性更需要探寻内在的自我，获得永恒的力量。因为这不仅关系到自身的幸福、家庭的幸福，同时还肩负着一个国家乃至全世界文化的构建、发扬和传承，是人类社会进步最重要的推动力量。

60. 让传奇成就传奇

她是一个总会时不时冒出奇怪言论的女人，她曾说："如果一个女人懂得把自己的快乐、美丽放在首位，这样世界至少就少了一个怨妇，多了一个神采奕奕、眼神流转的女人，这不见得是坏事。"

在她的观念里，一个很憔悴、有怨气的女人是失败的，而这种失败是自己造成的。女人要有精神气，不勉强不纠结不纠缠，这已是另一种意义上的成功。

也正是有着这样的一种豁达态度，面对很多女人都在纠结的孩子、老人、房子等问题时，她的做法很简单——笑，笑着面对，笑着承担，笑着改变。

她曾跟丈夫开玩笑说："你负责赚钱，我负责美丽。"虽是一句玩笑话，但是她真的把美丽当作自己的"工作"，她的美丽绝不是化妆品的涂涂抹抹，而是得体的着装、优雅的谈吐、清明的心境。

认识她后，我简直如获至宝，立马邀请她参加传奇夫人大赛。在了解了我们的理念和宗旨后，她欣然接受，培训之余，还义务当起了其他学员的"老师"，无私地分享她的幸福秘诀。那一期的培训也因为她的到来，气氛异常活跃，每个学员也都从她身上学到了不少东西。而传奇夫人也让她得到了极大的提升，无论是在气度还是眼界上，都让她上升了一个层次。

曾有人问我："现在传奇夫人已经是你人生中最重要的一个职业，你对它未来的设计是怎样的？"不知道为什么，那一刻我想到了她。

我一直认为，一代人自有一代人的历史使命，正所谓"薪不尽，火不灭"。传奇夫人需要她们这样的传承者，推动传奇夫人助力天下女人幸福觉醒的"精神之梦"不断前行。

其实"传奇夫人"创办这么多年，一直非常有原则，比如坚持公平公正，但是选手的成长始终是我们的核心。现在它已经成为一个品牌，影响力也会越来越大，我心中的规划是和更多的组织、个人对接，在培训、赛事、理念等方面进行完善，形成一个体系，将"传奇夫人"打造成一个女性的综合性平台。未来将吸收更多有志向的女性，一起完成这个目标。

如今，像她这样的夫人已经逐步成长起来，我可以更有底气地说：

传奇夫人，让传奇成就传奇！

当然，大多数在传奇夫人平台上成长起来的都是"普通"女性，也许她们没有高学历，没有叱咤职场的技巧……但是那又如何呢？

勤劳、母爱、相夫教子……无不体现了人类的传统美德；劳作、持家、护国……谱写着一曲又一曲令人难以忘怀的颂歌。每一个女性都有潜在的传奇基因。而无法释放传奇力量的女人，只是缺乏一个开启的契机。

现在，我很自豪，传奇夫人成为众多女性开启传奇的契机，可以让她们圆梦、幸福，让她们更加认识自我、认识社会、认识世界，从而闪耀、绽放，收获一份独属于自己的传奇。

而我们传奇夫人舞台上的每一个夫人的传奇更是可以激励身边的其他女性，因为她们：

已经登上峰顶，一览众山；
已经寻到幸福的源头，洞悉世事与人情；
已经灿若朝阳，足够闪耀照耀。

她们会将自己最宝贵的经验、最有料的知识、最有价值的经验拿出来分享，真正为他人带来价值，自己也能从中收获到事业前进与人生成长的契机与能量；她们无论何时何地，都会站在平等的位置上，怀着一颗真诚、求知的心去和他人分享交流；她们还会悉心听取被分享者的意见与看法，收获自己知识领域之外的真知灼见。分享、学习、平等、聆听，这就是她们最真诚也最有效地激发他人能量、成就他人传奇的方式。

　　"道生一,一生二,二生三,三生万物。"通过她们,我相信将会有越来越多的女性获得成长和幸福。未来,我也希望传奇夫人能让更多平凡的女人变得传奇,让传奇的女人更加传奇！

传奇能量场·成功挑战自我练习题

　　我们为什么会被琐事缠身，为什么会抱怨哀怨，为什么会熬成"黄脸婆"……诸多的为什么除去方式方法，更多的和我们的眼界、格局有关。有眼界、有格局的女人面对一个又一个人生的沟坎，不慌不乱；面对一条又一条人生的河流，坦然处之；面对一次又一次的惊涛骇浪，彰显自己高贵的人格——做一个眼中有世界的女人，登上一个更高的人生平台。

1. 认识自己的心胸

人生的意义绝对不是眼前的鸡毛蒜皮，不要让自己淹没在日常琐事当中。

除了生活中的一些小事外，你还关注什么？

你关注的这些事情能给你的身心带来怎样的影响？

2. 学会感恩

拥有感恩的心，你会更加热爱这个世界，更加热爱生活。感恩是一种文化素养，是一种思想境界，是一种生活态度，更是一种社会责任。

你身边有哪些人需要你去感恩？

你将以什么方式来对待他们回报你的这份"善意"？

3. 学会分享

分享是一种博爱的心境，是一种生活的信念，学会分享，就明白了生存的意义。

你身上有哪些可以分享的东西？

你将通过何种更好的方式将自己的这份"美好"分享出去？

附录

传奇见证

01 邓素

个人简介：

荣誉： 2015世界传奇夫人大赛中国总决赛民选总冠军

任职： 明一梦主席首席弟子
注册法务会计师
健康讲师
心灵禅舞导师

经历： 2003—2017年，创建广州市广易财税咨询有限公司；2003—2017年，创建广州市来汇实业投资有限公司；2015—2017年，创建广州市金颂凯股权投资有限公司；2017年，创建广州市素心文化发展有限公司。

参赛收获：

　　虽然我以前的生活在别人眼里挺好，但是我很清楚自己还有很大的发展空间。通过参加传奇夫人大赛和成为明一梦主席的弟子之后，我获得了成长和蜕变的机会，明一梦主席对我孜孜不倦的全方位的辅导，让我从以前只懂得过好自己的生活，蜕变成为了一名健康导师和禅舞导师，我因此更加懂得了生活的真谛，成为了许多女性的楷模。未来，我将以一个全新的高度，把自己一路走来的人生经历和感悟分享给更多人！

02 董妍

荣誉： 2014世界传奇夫人大赛佛山赛区
最具爱心夫人奖
2014世界传奇夫人大赛总决赛杰
出夫人奖

任职： 湖南衡阳商会副会长
增城湖南商会副会长
增城女企副会长
永宁商会副会长

经历： 2014年前后，参加传奇夫人大赛
荣获最具爱心夫人奖与最杰出夫
人奖；2015年10月30日，担任世
界传奇夫人大赛广州赛区主席。

参赛收获：

　　我是一个80后，是地道的湖南人，毕业于湖南师范大学，从事了10年的汉语言文学教育，一直兢兢业业，唯一痛心的是无力帮助贫困孩子，于是我毅然辞去稳定的教师工作，到广州增城进行创业。历经艰难，终于凭借自己的信念摸索出销售之道，拥有了人生第一桶金，并于2014年创办了广州兆铠隧道材料有限公司，通过这几年的努力打拼，公司产品遍布全国15省18市。

　　同时，我是一个单亲妈妈，有两个女儿，但是传奇夫人告诉我，虽有事业的重担，但是并不妨碍我成为孩子心中的榜样。事实也确实如此，在传奇夫人的舞台上，我实现了自己人生的升华，也引领了我的两个女儿，如今我的女儿在我榜样的作用下越来越优秀。而我更是没忘记帮助贫困孩子的初衷，在传奇夫人的舞台上，这份初衷得到了强化，这些年来也帮助了很多人，修建了几十所学校，捐资助学，扶贫济困，为中国慈善事业做出了自己的贡献。

03 黄燕

个人简介：

荣誉： 2016世界传奇夫人大赛"优秀夫人"

任职： 武汉市欧博雅医疗器械有限公司创始人兼任总经理

武汉欧博雅美业科技有限公司创始人兼任总经理

长沙欧博雅医疗器械有限公司股东任总经理

经历： 2000年结婚，2002年创业成立武汉市欧博雅医疗器械有限公司；2007年成立长沙欧博雅医疗器械有限公司，2015年升级为武汉欧博雅美业科技有限公司。

参赛收获：

小学、初中时，我边上学、边打工赚学费，同时为父母分担工作和照顾弟弟妹妹；高中毕业南下广州边自学边打工……一路走来很不容易，也收获了许多。今生有幸与传奇夫人结缘，不仅自己能够自信、优雅地站上舞台，点燃自己，照耀他人，在见证了别人的传奇故事时，更是被她们的传奇精神所鼓舞。

未来，我要坚持做好每一件事情，做好医疗美容整形行业的材料供应商，为正规的医疗美容医院和求美者提供合法、安全、有效的医疗产品。同时，我还要为传奇夫人这份美丽的事业尽自己的一份力量，将美和爱传递给更多的女性。

04 姜霞

个人简介：

荣誉： 2017世界传奇夫人大赛云南赛区总
冠军

2017世界传奇夫人大赛中国总决
赛民选冠军

2017世界传奇夫人大赛中国总决
赛最具影响力夫人奖

2017世界传奇夫人大赛中国总决
赛最具演讲魅力奖

任职： 中华律师协会理事

中国法学会云南副会长

中国女企业家协会会员

云南省工商联常委

云南省妇女联合会执委

天下国际女人俱乐部创始会员

云南省民营企业家协会常务副会长

云南省工艺美术协会常务副会长

云南省养生协会常务副会长

经历： 2004年，收购玉溪市葡萄糖公司
（国有），设立云南大不同食品有
限公司；2007年，收购昆明五华
糕点厂（国有）；2009年，收购
昆明中元茶业有限公司（国有）；
2011年，设立云南大不同民族工艺
品制造有限公司；2013年，设立云
南大不同文化传媒有限公司。

参赛收获：

　　身为一名民族文化人士，"大美云南、幸福中国"一直是我尊崇与热爱的。能够让
独树一帜、与众不同的云南大不同绣品成为风靡世界的民间文化品牌，并远销至世界
多个国家和地区，是我一直以来的心愿！

　　参加传奇夫人大赛后，我重新点燃了对生活的激情和使命感。

　　未来，我将倾尽一生去民间深度挖掘精工人才、全面整合地方刺绣资源、倾心培
养工艺传承人才，并将人性至善、女性至柔、云南至美的真挚情怀融入云南传统文化
和现代创新文明，引领云南刺绣文化由历史走向现代、由意象走进生活。

05 李海英

个人简介：

荣誉： 2017世界传奇夫人大赛中国总决赛台湾亚军

任职： 东莞市润成文化传播有限公司董事长

香港润康旅游咨询有限公司董事长

东莞养生生活馆董事长

企业教练技术金牌教练

参赛收获：

　　以前的我，不太注重自己的形象，体重曾一度达到180斤，随之内心也变得越来越不自信，后来听身边的朋友说：每一个参加Mrs.Legend世界传奇夫人大赛的女人，都能够发生巨大的改变。当时抱着试一试的心态，我来到传奇夫人的舞台上，没有想到这个决定改变了我的生活，一路走来，我不仅被传奇夫人众姐妹的故事深深感动着，也被她们的精神所鼓舞！我第一次深刻地体会到作为一个女人、一位母亲、一名女性企业家身上所蕴含的无尽能量！

　　比赛结束后，身边的朋友都觉得我的精神面貌焕然一新，优雅、自信、睿智是他们对我的评价。如今，170cm身高的我将体重减到125斤，身姿、体态得到了全面的改善。感恩传奇夫人，未来，我将尽情地释放我的能量，引领更多女性，成为自立、自强、自信并充满无限魅力的女性，为这个世界贡献力量。

06 李诗雨

荣誉： 2017世界传奇夫人大赛中国总决赛季军

任职： 云南昆明时尚模特
滇橄榄发酵酒形象代言人
斐澜尼甘红形象大使
昆明嘉露源贸易公司总经理

经历： 2015年，加入斐澜尼合作，从事斐澜尼甘红招商工作；2017年，参加了"世界传奇夫人"大赛中国总决赛，展示了自己的魅力和风采。

参赛收获：

　　曾经的我，觉得自己天生丽质，也担任着滇橄榄发酵酒形象代言人、菲澜尼甘红形象大使及模特，但我深知自己还没有真正自信起来，内心常常不安，患得患失，我渴望蜕变，于是参加了世界传奇夫人大赛。

　　通过参赛前优雅仪态、魅力演说等一系列的系统培训，我得到了由外到内、由内而外地实质性成长，令站在舞台上的我可以更加自信自如地展示自己，大赛强调的"闪耀""荣耀""照耀"的价值观，也深深地影响着我，现在的我，不再计较得与失，也相信在人生之中一切的发生都是美好的，更坚信我可以像太阳一般去照耀他人。

07 李艳霞

个人简介：

荣誉： 2017世界传奇夫人大赛深圳总决赛
季军
2017世界传奇夫人大赛全国总决
赛香港亚军

任职： 香港洛施实业有限公司全球招商
部负责人
深圳市传奇国际舞蹈文化教育有
限公司董事长

经历： 有20余年从商经历；2015年拿下
洛施总代理授权，开始经营洛施花
舍玫瑰花茶事业，用一年时间成立
一支遍布海外及全国各地的千人销
售团队；2017年10月28日参加世界
传奇夫人大赛深圳总决赛；2017年
12月16日参加全国总决赛，荣获香
港亚军荣誉；2017年12月因传奇夫
人大赛与舞蹈结下不解之缘，成立
深圳市传奇国际舞蹈文化教育有限
公司，开启一份全新事业。

参赛收获：

经营过翻译公司、跨境婚介公司、手机批发生意……自己这半生走来，尝试了很多，也经历了很多。初接触传奇夫人，我只是希望能在这个平台上让更多的人了解我们的公司和产品，但我没想到，这会是我人生中的一次重大突破和蜕变，让我以更高更远的眼光和格局审视企业和人生。

非常感谢传奇夫人，让我有缘开启事业的新篇章。2017年12月因传奇夫人大赛而与舞蹈结下不解之缘，筹备了以少儿、成人国际标准舞为主的培训学校——深圳市传奇国际舞蹈文化教育有限公司。我希望能有更多的女性如我一样，登上传奇舞台，成就事业，成就自己。

08 厉娟

荣誉： 2017年世界传奇夫人大赛中国总决赛中国香港亚军

任职： 云南爱丽莎酒店有限公司董事长
2018年世界传奇夫人大赛昆明赛区执行主席
2018年世界传奇夫人大赛杭州赛区执行主席

经历： 初中毕业开始在社会中历练自己；18岁，依靠600元走上经商之路；19岁接手父亲的小企业；21岁认识了丈夫，共同拼搏，事业转型到度假酒店；43岁，创立云南爱丽莎酒店有限公司，将爱丽莎品牌下的50%的利润用在公益事业上。

参赛收获：

回想自己走过的路，很不容易，从小学到初中所有的读书用品费用几乎都是自己挣的；开始创业，没有资金、没有帮助，一步一个脚印艰难前行……一路走来，也让我明白了，只要努力，梦想终有一天会实现！也正是凭借这一份对梦想的追求，今天的云南爱丽莎酒店有限公司，有主题餐厅和主题酒店，并将爱丽莎品牌下的50%的利润用在公益事业上。

来到传奇夫人这个舞台，与大家一起学习、成长，一起绽放自我，一起分享传奇的人生，不仅使我更优雅、淡定，而且重新点燃了我的梦想。未来，不管有多少人反对，不管遇到多大的困难，我都将以梦想为灵魂支柱，成就新的传奇。

09 廖紫怡（中国香港）

个人简介：

荣誉： 2017世界传奇夫人大赛深圳总决赛亚军
2017世界传奇夫人大赛中国总决赛中国香港冠军

任职： 香港怡康投资有限公司董事长

经历： 和先生一见钟情，有一个幸福的家庭，有五个可爱的孩子。

参赛收获：

　　我出生在四川一个偏远的农村，从小在外公外婆家长大，养成了特别独立的性格，我的内心也一直渴望去外面的世界看一看。于是2000年我来到深圳工作，这期间也吃了非常多的苦，但非常幸运的是遇见了我先生，并和他一见钟情，就这样走进了彼此的世界里，有了五个可爱的孩子，同时还有了一份自己的事业，创办了香港怡康投资有限公司，公司发展得也很好。

　　也许在他人看来，我的生活和事业已经非常美满，但是我还是想要突破自己，因为我有一颗"不安分"的心。感谢遇见传奇夫人，认识了很多朋友，得到了很大的锻炼和成长，也更懂得了感恩和付出，最重要的是，我学会了通过传奇夫人大赛的大爱和力量去影响和帮助更多的人，这是我人生最大的突破。

10 林赛君

个人简介：

荣誉： 2017世界传奇夫人大赛深圳总决
赛荣誉民选冠军
2017世界传奇夫人大赛全国总决
赛荣誉最具爱心夫人奖
2017世界传奇夫人大赛全国总决
赛荣誉季军

任职： 深圳市喜之康饮料有限公司总经理
深圳市鑫宏瑞医疗器械有限公司
战略策划总监

经历： 1986—1988年，在惠州市经营烟
草行；1991—1998年，在深圳市
东兴饮料商行任总经理；1998年
至今，任深圳市喜之康饮料有限
公司总经理；2017年至今，任深
圳市鑫宏瑞医疗器械有限公司战略
策划总监。

参赛收获：

我来自潮州，女强人是身边朋友给我的代名词，我拥有三家企业（深圳市喜之
康饮料有限公司、深圳鑫宏瑞医疗器械有限公司等）。虽然在事业上成绩卓越，住着
别墅开着名车，但这只是物质层面的满足，我内心深处一直渴望被人发现自身柔情
似水的一面，能彻底摆脱女强人的形象标签，因此，我与传奇夫人大赛结缘。

Mrs.Legend 世界传奇夫人大赛让我重拾青春，自己仿佛重新回到了少女时代，
将我内心的柔软全部释放了出来，那一刻我知道，我做到了，感恩传奇夫人让我学
会了爱与分享，也让我明白了舞台上的冠军只是一瞬间，生活中的冠军才是永恒。
如今，我成功的故事深深影响了我的三个孩子（其中两个各在英国、美国留学，一
个已经创业成功），未来，我将用自己的全部力量去传播传奇夫人的文化，帮助更多
女性成就自己的传奇人生。

11 刘彩飞

个人简介：

荣誉： 2017世界传奇夫人大赛青岛赛区冠军

2017世界传奇夫人大赛中国总决赛民选总冠军

任职： 广州市欧斯洛装饰设计有限公司CEO

青岛市森活艺术装饰设计有限公司董事长

青岛市心计划公益机构创始人

中华名媛荟第二届形象大使

经历： 深圳大学商务管理学士、清华大学高级陈设设计、英国剑桥大学硕士在读；曾参加湖南省第一届、第二届时尚周表演，2013—2015年担任品牌时装特约模特；连续十年给贫困灾区捐赠物资及捐款；2016年任中华名媛荟代言人、公益之星、爱心大使。

参赛收获：

　　传奇夫人大赛不仅有人生的蜕变、姐妹的情谊、家人的鼓励，还能使我收获爱和成长，让我懂得如何成为一个拥有美丽、灵魂和思想的精致女人，做生活中的冠军。参赛后的我接受了很多的活动主持、统筹等工作，都能做到游刃有余。

　　未来，我会专注自己研发自创的服装品牌，给贫困山区的孩子研发专属他们的四季服装，号召更多的爱心人士，加入公益，走向山区，帮助那里的孩子完成学业、走出大山；要帮助家族内弱势群体实现生活、工作梦想……是的，我要将传奇夫人的大爱精神在现实中进行演绎！

12 刘丽霞

荣誉： 2017世界传奇夫人大赛全国总决赛中国香港冠军

任职： 云南旗袍协会理事
昆明晚霞旗袍团团长兼编导
云南影视演员、副导演、工会干部

经历： 演员、副导演，2017年2月参与《南北兄弟》网剧的拍摄，饰演男一号的母亲；5月参与于荣光为总制片人的《斗破苍穹》电视剧的拍摄，饰演"女魔头"一角。

参赛收获：

　　我是刘丽霞，从小就热爱艺术、热爱舞台、热爱表演的我一直有一个梦想——站上中央电视台的舞台。这么多年我一直没有放弃自己的梦想，一直坚持从事艺术表演相关的工作和事业，现在我已经成为云南影视演员、副导演、工会干部、昆明晚霞旗袍团团长兼编导、云南旗袍协会理事，并参与演出了多部影视作品。

　　虽然目前的生活让我很满意，但我还是忘不了小时的舞台梦。正当64岁的我以为今生无缘央视的舞台时，传奇夫人总决赛的消息传到了昆明，这是一个能让家族荣耀、丈夫骄傲，成为孩子的榜样、社会的楷模，让自己快速成长的平台，我把握住了这个机会，终于如愿地站上了央视的舞台，实现了心中的夙愿。

　　从了解世界传奇夫人大赛到报到、培训到与众姐妹相处，都让我非常感动，终生难忘，感恩明一梦主席，感恩和我一起成长的姐妹们，感恩传奇夫人这个平台，我要用我的爱，感染身边更多的女性，帮助她们实现梦想。

13 刘沛云

个人简介：

荣誉： 2017世界传奇夫人大赛最优秀夫人

任职： 广州绿芳洲纺织制品厂董事长

经历： 1988—1998年传统纺织事业单位荣获《劳动模范》《最佳能手》等荣誉；1998—2001年在无纺布上市公司担任重职；2001年白手起家创立自己的公司——广州绿芳洲纺织制品厂，创立品牌"亲牌"，经营至今。

参赛收获：

37岁是我人生的一个分水岭，37岁以前我任职于事业单位，也获得过不少荣誉，但内心对拼搏的渴望并没有因为安稳的工作被磨灭，于是卖掉房子和丈夫一起离开事业单位，走进一家上市公司开始新的征程；41岁我开始下海经商，创办了绿芳洲纺织制品厂。然而事业上的成功并没有给我带来家庭的快乐。

由于忙于事业，42岁那年我才生下儿子。和其他妈妈相比我的年龄较大，每次参加家长会的时候，儿子都会被问到我是他的妈妈还是奶奶，这极大地挫伤了儿子的自尊心，他甚至不愿意我去参加家长会。这让我开始思考，开始学习改变。于是在看到传奇夫人比赛的宣传时，我毫不犹豫地参加了。事实证明我是对的，现在我的儿子可以非常骄傲地告诉别人我是他的妈妈，因为不论是形象、气质、神韵还是言谈举止，我都得到了蜕变。如今我已经55岁了，但依然有颗年轻的心，也发挥了我的榜样作用培养了一对优秀的儿女，我很幸福，很满足。

14 刘淑华

个人简介：

荣誉： 2016世界传奇夫人大赛中国总决
赛中国香港季军
2017世界传奇夫人大赛蚌埠赛区
执行主席

经历： 老三届下放知青回城后参加工
作，在直属市政府的国企任职几
十年；退休后创办了收藏四十多
年藏品的凤淮古玉公司，弘扬中国
传统文化；2015年参加了世界传
奇夫人大赛安徽总决赛；2016年
参加了世界传奇夫人中国总决赛。

参赛收获：

　　我今年67岁，传奇夫人大赛使我更自信，更成熟，更优秀。传奇夫人大赛提升
了夫人梦想，坚定夫人使命，倍增夫人的社会责任感，从平凡中活出闪耀的人生，从
闪耀的人生活出荣耀的人生，从荣耀的人生活出成就众生的人生。我们是传奇夫人，
我们有传奇的人生、传奇的经历、传奇的故事、辉煌的成就！我们要引领更多的女性
走上传奇夫人的舞台。从而推动中国梦与世界梦的早日实现，让人类生活更加幸福。

　　今后，我还要把握好国家着力发展文化产业的良好机遇，立足现有的优势把我
们的品牌凤淮古玉做强做大。让灿烂辉煌的淮河文化在我的有生之年进一步发扬
光大！

15 卢月好

个人简介：

荣誉： 2017世界传奇夫人大赛广州赛区
获"民选季军""榜样夫人奖"
2017世界传奇夫人大赛中国总决
赛获"民选亚军"和最佳气质奖

任职： 伲格丝丹床上用品总经理

经历： 曾管理饭店、发廊、家具商场、
床上用品专卖店、美容院等；育
有两儿两女，都很优秀，不仅事
业有成，而且热心公益。

参赛收获：

　　我的经历可谓传奇，在我家是男主内、女主外，被称为女强人的我曾管理过饭店、发廊、家具商场、床上用品专卖店、美容院等。

　　我有两个儿子、两个女儿，他们都很优秀。大儿子在美国定居，大女儿出嫁较远，长期在身边的只有小儿子和小女儿。现床上用品店由小儿媳妇管理，美容院由小女儿经营。小儿子则经营一家山地自行车行，是北滘自行车协会会员，他每月会定期带领一群兄弟去帮助孤寡老人，为老人送饭，帮老人维修电器、修理房屋，和老人谈心等，做些力所能及的事情。小女儿近年还经营着一间瑜伽馆，而且每周日在公园开设公益瑜伽课。也因此，兄妹俩获得了2016年最优秀义工奖（分别为银牌、铜牌奖）。

　　曾经以为自己的这一生是圆满的，有幸福的家庭、优秀的子女、不错的事业。但是参加传奇夫人大赛，站上舞台的那一刻，我突然明白，我可以做得更多。可以说，传奇夫人为我打开了眼界和格局，从小家到大家，从个人到社会，都有着一份原本具足的影响力和一份义不容辞的使命。

16 罗妍丽（2015年移民澳洲）

个人简介：

荣誉： 2017世界传奇夫人大赛中国总决赛澳门亚军

任职： 广州画的广告公司创始人
澳洲澳黛丽公司董事
广州天河区青年联合会委员
澳洲与中国跨国公司创始人

经历： 11岁开始拜师学画，师从华南著名画家、美术教育家张京红；2005—2012年，任安踏公司华南区品牌总监；2012年至今，创建广州画的广告公司，曾在多个知名企业负责品牌管理工作，为佳洁士茶爽牙膏、佳洁士美白牙膏、索芙特木瓜洗面奶等产品设计包装；2017年年初，成立澳洲澳黛丽公司，销售澳洲家族经营且有自己葡萄园的五星级酒庄的酒，简称"酒庄酒"。

参赛收获：

我是澳籍华人，从小接受的艺术熏陶，让我一直拥有很高的艺术鉴赏能力和品位，曾在大型企业品牌部门担任负责人，也在中国广州创办了画的广告公司，在澳洲创办了澳洲澳黛丽公司，希望以此让中澳文化联系得更加紧密，推动更多的中国品牌走向世界。但我始终明白，一个真正的魅力女士会不断地成长，也会思考怎样通过自己的故事去帮助更多的人……

于是，通过朋友介绍，我参加了以塑造提升女性内在的优雅、自信、博爱等能量为主的世界传奇夫人大赛，通过大赛我的心灵及外在形象都提升到了一个新的高度！在北京星光影视园《我要上春晚》的录制演播厅里，朋友们通过全球直播看到我在舞台上的神韵、魅力和灵魂的绽放，他们以我为傲，当我牵着孩子的手走上传奇夫人中国总决赛的舞台，不仅加深了我与孩子之间的母子之情，也让我的孩子亲眼见证妈妈站上舞台，引领他人的荣光和使命，为我自豪。今后，我会帮助更多的已婚女性实现舞台梦、事业梦、家庭梦、幸福梦，同时推动社会对已婚女性更多的关注！

17 马爱荣

个人简介：

荣誉： 2016世界传奇夫人大赛中国总决赛中国台湾冠军

任职： 东莞市百合包装制品有限公司总经理

东莞市旭拓资产管理有限公司总经理

台湾碧波庭国际有限公司一级加五星的全球代理商

经历： 1996年到广东东莞工作，并兼职两份家教，通过3年的打拼，于1999年在东莞东泰花园买下了人生的第一套商品房，并如愿地将父母接来一起生活；2000年也如愿地支助完弟弟整个大学学业；2005年拥有了自己的第一家企业潮州市百合包装制品有限公司。

参赛收获：

　　我从事女性健康行业，曾经经营台资工厂，一度以赚钱为奋斗目标，但物质的收获并没有让我感到幸福快乐，反而使我陷入了迷茫，我不断问自己：女性究竟需要怎样的人生？是不是无穷无尽的物质财富就是女人想要的人生？我们到底追求的是什么？带着这样的困惑和迷茫，我选择走进了传奇夫人大赛，因为身边的朋友都说这个大赛和别的大赛不同，是提升女性内在涵养的大赛，也许它能给我答案。

　　通过大赛文化的洗礼，优雅体态、公众演说、舞台魅力的训练，我的身心得到了全方位的洗礼与历练，在我心中那么多年的疑问也解开了，原来财富名利都不该是女人的最终追求，女人真正的追求应该是成为孩子的榜样、家族的荣耀、先生的骄傲，成为社会的女性楷模，这才是有意义的人生。感谢传奇夫人，让我坚定了自己的人生方向和追求。

18 马俪娜

荣誉： 2017世界传奇夫人大赛中国总决
赛中国台湾冠军
2017世界传奇夫人大赛昆明赛区
民选总冠军

任职： 歌唱家、教育家、高级声乐教师
中国音乐学院声乐考级评委
云南俪之声声乐培训中心负责人
"快乐阳光"中国少儿电视歌手
大赛评委

经历： 毕业于云南艺术学院表演系，在
昆明艺术学校从事声乐教学三十
年，任昆明市艺术学校音乐科主
任，2018年退休。

参赛收获：

　　三十年的从教生涯，我收获了很多的荣誉，曾获"昆明市优秀教师"称号、香港
国际青少年艺术大赛"国际优秀导师"奖，1998年获云南五省六市青年电视歌手大
奖赛最佳形象奖及美声唱法银奖。

　　但是传奇夫人让我认识到，我的人生不仅仅如此，我依旧可以美丽、可以绽放。
我对自己有了全新的认识，同时也有了更高的追求。未来，我要立志成为一个有灵魂
高度、有胸怀格局、有使命感、能照耀他人梦想、带给他人幸福的传奇夫人。

19 马霞

荣誉： 2016世界传奇夫人大赛中国澳门总冠军
2017世界传奇夫人大赛形象大使
2017世界传奇夫人大赛导师
2017世界传奇夫人大赛中国总决赛中国赛区年度最佳奉献人物奖

任职： 昆明市音乐家协会合唱学会副会长
全国快乐阳光少儿歌曲大赛云南赛区主任
昆明阳光传奇艺术团团长
世界传奇夫人大赛昆明赛区副主席

经历： 1976年进入贵阳市越剧团，任演员；1983年在杭州艺术学校进修；1999年调入云南省石林管理局艺术团；2000年调入昆明市世博园艺术团，任团长。

参赛收获：

　　我是一名越剧演员，也是3个孩子的母亲，曾经为了家庭放弃了自己热爱的舞台，但从未放下过舞台梦。感谢传奇夫人，不仅让58岁的我重新登上舞台，找回了曾经的自信和荣耀，实现了梦想，更是通过身边姐妹的成长，深刻体会到了成就他人梦想的那一份幸福。

　　今后，我要引领全天下的已婚女性走出家门、走出国门，让全天下的女性幸福觉醒，用爱去感染、去引领、去践行传奇夫人使命，圆天下女人舞台梦、魅力梦、健康梦、家庭梦、事业梦、幸福梦，让女人自成传奇！

20 毛媛慧

个人简介：

荣誉： 2015世界传奇夫人中国鸟巢总决
赛季军

任职： 高级形象设计师
中医养生专家
岚霞集团广州运营中心总裁

经历： 从事中医养生及形象设计十余
年，帮助多位不孕女性怀孕，曾
经获得全国高校健美大赛形象设
计一等奖；现从事铁皮石斛绞股
蓝品牌连锁加盟工作。

参赛收获：

　　通过传奇夫人大赛的舞台，一路学习成长，我得到了心灵的洗礼，成为了孩子心
中的榜样、家族的荣耀，也让自己得以绽放灵魂之美，更加懂得付出和照耀他人，获
得了无比的幸福。

　　未来，我希望用自己的影响力和号召力引领更多的姐妹站上传奇夫人大赛的舞台，
让她们更加幸福，并帮助更多有梦想的人实现梦想，让自己真正成为传奇夫人大赛的
践行者和布道者。

21 米雅

个人简介：

荣誉： 2017世界传奇夫人大赛澳门冠军
2017世界传奇夫人大赛深圳赛区冠军
2017世界传奇夫人大赛最具母亲楷模奖单项奖

任职： 深圳爱觅雅国际贸易有限公司董事长
中国药文化协会燕窝分会常务理事
《走进燕窝世界》联合出版人
广东省健康管理发展促进会副会长
美国ACI国际认证协会高级礼仪培训师
环球礼仪商学院高级培训师
中国礼仪联盟百强讲师
轻松爱联合发起人

经历： 全球最大组织燕窝产业国际联盟和中国药文化协会燕窝分会成员；组建《觅雅说》艺术美学课堂，通过传播艺术美学所征集的善款，资助多位孩子上学；发起和参与轻松爱项目，让更多大龄单身中青年找到靠谱合适的伴侣。

参赛收获：

舞台的冠军只是一时的，生活中的冠军才是永恒！在比赛中，发现自己的不足是我最宝贵的收获！同时，在生活中，我要用我的爱和真诚去感染影响更多的已婚女性，在独立美丽的道路上携手同行！

未来，我要为中国大健康产业发展的创新化、国际化做出贡献，争取三年内建造100个燕屋，为让更多华人吃上安心放心的好燕窝而努力，真正做到"用心打造人人都能享用的良心产品"。

22 彭燕

个人简介：

荣誉： 2016世界传奇夫人大赛深圳赛区总冠军

2016世界传奇夫人大赛全国总决赛民选冠军

2017世界传奇夫人大赛深圳赛区执行主席

任职： 深圳市福伦达精工技术有限公司创始人

深圳市福顺达科技发展有限公司创始人

深圳市绅士酒店管理有限公司董事

经历： 1998年创办深圳市福伦达精工技术有限公司；2006年创办深圳市福顺达科技发展有限公司；2013年投资创办深圳市绅士酒店管理有限公司。

参赛收获：

一路走来，我结识了很多志同道合的朋友，大家一起学习、一起成长、一起蜕变，充分感受到了传奇夫人这个平台带给我们的荣誉和使命。

有幸成为2016年世界传奇夫人中国民选总冠军并担任今年深圳分赛主席，通过这些活动，我也在努力改变着自己，多为社会做公益活动，并用自己的体验感召更多的已婚女性走出家庭，走上舞台，走向社会，绽放自己，成为孩子们的榜样、丈夫的骄傲和家庭的荣耀，让世界了解更多中国女性的善良、智慧与美丽。

23 秦小琴

个人简介：

荣誉： 2017世界传奇夫人大赛中国总决赛亚军

2017世界传奇夫人大赛中国总决赛网络投票亚军

任职： 不锈钢钢炼厂销售经理

江苏省连云港华乐合金有限公司营销领袖

经历： 学音乐出身，毕业后从事房地产销售，短短的两三个月在三十多人的销售员中成为组长，后转到室内设计公司成为销售经理，并在接待客户的过程认识了生命中的贵人施小姐，经过她的推荐到了她先生的企业不锈钢炼钢厂成为销售经理，在26岁晋升副总经理，后公司扩大，到江苏发展，2012年调至连云港华乐合金有限公司任销售部长，后晋升销售总监，并于2014年获得中国不锈钢优秀职业经理人。

参赛收获：

2008年，在从事不锈钢行业期间，我认识了同行业非常优秀的帅气青年，结婚并育有一子（现六周岁），目前家庭美满幸福，事业蒸蒸日上。

生活、人生总是向前的，永远不要拒绝更高品质、更幸福的人生。于是我选择参加 Mrs.Legend 传奇夫人大赛。

通过赛前全方面的训练之后，我的气质、神韵、气场得到了巨大的成长和蜕变，也让我更认同了传奇夫人的使命。传奇夫人让我看到，对于女人的一生，我的了解是多么的"偏见"，独立只是其中的一部分，身为女人，真正的魅力在于由内而外的美，在于为人处世的从容、优雅，在于自身能量的引爆，在于婚姻、家庭和事业的全面幸福。感谢传奇夫人，让我明白了这一点，为我打开了一扇真正属于女人的精彩、魅力之窗。

24 孙晶

个人简介：

荣誉： 2017世界传奇夫人大赛中国总冠军
2017世界传奇夫人大赛最佳体态
夫人奖

任职： 高级形体仪态导师
高级礼仪培训师
高级整体形象设计师

经历： 曾在国企工作，为了女性美丽事
业，毅然辞职，成立个人形象工
作室，成为一名个人形象美学导
师、高级礼仪培训师、形体仪
态培训导师，义无反顾地走在不
断传播美和影响他人的道路上，
帮助无数女性提升气质，优雅蜕
变，绽放美丽和自信。

参赛收获：

　　我是孙晶，拥有一对优秀的儿女，曾是一名专业的模特，现在是一名优秀的优雅仪态导师。一直以来，我不仅渴望成为一名超级演说家，更渴望能够参加传奇夫人大赛，感恩与传奇夫人大赛结缘，感恩组委会的培养，让我荣获2017Mrs.Legend世界传奇夫人大赛中国总冠军。

　　参加了明一梦主席主讲的第八期《魅力演说》课程，我得到了巨大的成长和蜕变。原来演说有如此的震撼力，我可以站在舞台上通过自己的灵魂演讲、精彩故事，去启迪每一位学员的心灵，让每一位学员的灵魂得到蜕变。未来，我将跟随明一梦主席全国公益巡回演讲，共同帮助更多的女性，令她们不仅外表仪态优雅美丽，舞台魅力四射，更懂得运用魅力演说、灵魂演说无时无刻去帮助、成就、照耀他人。

25 孙丽

荣誉： 2014世界传奇夫人大赛佛山赛区最佳仪态夫人奖

2017世界传奇夫人大赛中国民选亚军

2017世界传奇夫人大赛最优雅夫人奖

任职： 国家高级形象礼仪培训师

IPA国际注册礼仪培训师

惠州市礼仪协会常务副会长

中华传统文化（儒学）高级讲师

中华讲师网"中国百强讲师"

中华"好女人学堂"创办人和首席导师

《人人都要懂的职场礼仪》作者

经历： 毕业后进入联想集团，从事人事培训工作七年；2006年7月，到顺丰速运集团担任培训部负责人；2010年年底，进入太东集团，担任人力资源中心总负责人；两年后，进入中洲集团（上市集团），主管人力资源及行政中心。

参赛收获：

走上讲台，是唤醒他人的求知欲，走上舞台，却能够点燃他人的梦想与激情；让自己更具舞台展现力，更具综合魅力。传奇夫人大赛，使我成为了先生的骄傲、孩子的榜样、在社会朋友圈也产生了良好的影响。

我要做一名优秀的女性演讲家，跟随明一梦主席至全国各地演讲，帮助更多女性成长、幸福，提升女性综合人格魅力，帮助女性回归本真，福泽小家，福惠大国！做个好女人，外修于形，内修于心，内外兼修，慧美并存。让世界因为我们女性而美丽。

26 谭婉芳

个人简介：

荣誉： 2014世界传奇夫人大赛中国总决赛季军

2014世界传奇夫人大赛最和谐家庭奖

2014世界传奇夫人大赛佛山分赛冠军

任职： 税务师事务所分公司经理

创办十年的服装企业董事长

女性魅力学导师

佛山市美纯珠宝有限公司投资人董事

企业教练桂钻教练

经历： 国家级刊物《消费电子》杂志受访人物；曾经登上旅游界国际万人舞台受勋；超过10年致力于帮助数以百计企业家、青少年成长的社会机构义工；培养了一位全国舞蹈冠军女儿，实现了带着父母环游世界的梦想。

参赛收获：

因为心中的一个追求，这么多年来一直在不断地学习及修炼自己。而在这个过程中，我真正体悟到了什么叫"一个好女人可以旺三代"。我选择了女性魅力行业，我希望通过自身的行动影响及带动一些有追求的女性朋友，让我们并肩走在品质女性的修行道路上。

今天传奇夫人更是坚定了我的这一梦想：引领和感召更多夫人走上传奇夫人舞台，践行夫人的使命，引爆夫人的能量，帮助全国数以亿万计的女性活出真我、自信绽放和幸福美满！

27 王佳俐

个人简介：

荣誉： 2016世界传奇夫人大赛中国总冠军
2016世界传奇夫人大赛深圳民选
总冠军

任职： 画家，古琴昆曲、琴歌弹唱艺术
家，时尚设计师，软装陈列设计
师，古代瓷器、字画、古玩、老
绣品收藏家和鉴赏家
深圳市绝色佳丽文化艺术有限公
司董事长
深圳市嘉利胜实业有限公司董事长
深圳市和雅昆曲协会秘书长
深圳市福田企业家协会理事
鹏城皇家书画苑院长

经历： 深圳大学环境艺术设计学士；新加
坡ERC管理学院硕士；全球华人
才艺大赛一等奖；创办了深圳市绝
色佳丽文化艺术有限公司，致力于
传统文化和艺术的交流与传播。

参赛收获：

　　传奇夫人，让我获得了内在的自信力量，从自信变得卓越；每天用满满的正能量去度过生命中的每一天每一时每一秒；家庭也更加幸福美满，女儿以我为榜样，成绩优异，长笛和美术均获金奖，先生因我而骄傲，我们互相成就彼此的梦想，父母因我而自豪……

　　未来，我要把儿女培养成社会有用之才；成就先生的事业；周游世界，去帮助更多的人；把中国的大爱和美及传统文化、艺术传播到世界的每一个角落。为世界和平做贡献！

28 王嬛

个人简介：

荣誉： 2017世界传奇夫人大赛广州赛区民选季军

2017世界传奇夫人大赛中国总决赛民选季军

任职： 中华遗嘱库公益宣传大使

中华遗嘱库常务理事

中华遗嘱库南京高端财富传承中心负责人

中国财富传承管理师

独立保险经纪人

经历： 美国读书工作生活十几年；海内外多个硕士学位；南京大学商学院EMBA高级工商管理；LOCKHEED MARTIN 等世界500强企业工作经历；2015年迄今，投身于中国家族财富传承事业，传递财富传递爱。

参赛收获：

我祖籍四川，后来去美国读书工作，并取得多个硕士学位，留美十几年，从事过很多职业，也取得了相应的成就。但是我和先生一直心系祖国的发展，特别是先生非常想为国家的环保事业尽一份绵薄之力，于是我们放弃了美国优越的生活条件回国。回国后的头几年为了支持先生的事业，我在家相夫教子，但内心一直有个声音告诉我：人生不只这样。于是，我选择了中国家族财富传承事业，通过中华遗嘱库这一专业公益机构，提供专业的财富保全和传承解决方案，希望能够帮助更多人用专业法律工具守富与传富。

这些成就，让我以为自己已经是孩子的榜样、先生的骄傲、家族的荣耀、社会的楷模，让我以为自己已经是传奇夫人，也没什么需要提高的了。直到 2017 年 11 月，遇到了世界传奇夫人大赛，我的思想境界发生了巨大变化，在大赛组委会和传奇夫人姐妹们的引导下，我慢慢发现，自己不但可以引爆先生和孩子的梦想，也可以引爆身边所有人的梦想，我能做的远比自己想象得多。

29 王迎雪

个人简介：

荣誉： 2017世界传奇夫人大赛三连冠

经历： 曾与老公白手起家，将一家负债一千多万的公司，做成了一个先进文明单位、百强企业，多次受到上级领导的嘉奖和表扬。曾荣获"青岛市李沧区巾帼文明先进个人"，先后二十余次获得"先进个人""优秀企业厂长（经理）"等荣誉。后来回归家庭，养育了两个优秀的女儿；积极投身公益，去养老院和福利院做义工，先后资助了200余名贫困孩子。

参赛收获：

　　我和老公白手起家，创造了商界一个又一个传奇，回归家庭后，我开始相夫教子，悉心打理着家庭，培养出了在全国网民心目中非常知名的女儿，让老公无所顾忌地去创造更大的成果，成就先生的梦想。我热爱公益，先后资助了200余名贫困孩子。

　　参加了世界传奇夫人大赛，我通过赛前训练和不断地学习、成长，自身的格局、思维、眼界扩展了许多，让家族的人都看到了我的蜕变和成长，并且获得了三连冠。在中国总决赛的舞台上，我与女儿共同呈现了家庭亲情，不仅增进了我与家人之间的感情，也让我成为了孩子心目中的楷模母亲。这一切都让我深深地感觉到女人只有不断追求进步，不断成长自己，才能真正地为身边的人带去源源不断的能量。我相信，在继续成就孩子梦想、成就先生事业的道路上，我一样可以引领更多身边的人，让更多的女性朋友觉醒，让女人自成传奇。

30 于汉荣

个人简介：

荣誉：2016世界传奇夫人大赛中国总决赛季军

任职：武汉康宇医药有限公司董事长
　　　武汉国医同仁医药有限公司及中医馆创始人、总经理

经历：1985—1988年，在武汉大学法律专业学习；1993—1995年，在中南财经大学国际贸易专业学习；2009年至今，在武汉大学EMBA、国学班、金融班、董事长班等学习。

参赛收获：

　　我来自"江城"武汉，有一个幸福美满的家庭，也有着一个舞蹈梦。怀揣着这样的舞蹈梦，我走向了传奇夫人的舞台，实现了自己的梦想。从舞台走下来后，先生把我的照片做成电子影集总是拿出来欣赏。那一刻，我深刻体会到了自己带给家人的那份自豪和荣耀。

　　然而，更大的改变是我通过传奇夫人这个舞台影响了身边的姐妹。是的，她们很优秀，有事业，有能力，但是她们并不幸福，各有各的无奈。但是当她们看到舞台上闪耀的我，走下舞台后更加优雅自信后，都以我为榜样。而我也尽自己最大的努力去开导她们、帮助她们，更是向她们推荐传奇夫人，也看到了她们的改变，不仅漂亮自信了，曾经的纠结和忧虑也都没有了。

　　真的非常感谢传奇夫人，不仅让我成为了孩子的榜样、先生的骄傲，更是帮助了身边的姐妹，实现了不一样的人生。

31 虞小春

个人简介：

荣誉：2017世界传奇夫人大赛中国总决赛香港亚军

任职：贤妻良母

经历：18岁到深圳打工，做过酒店服务员、美容师、文员；22岁认识了我先生，现在有两个小孩，一个是阳光型的男孩，另一个是漂亮的小美女，组成了一个美满的家庭。

参赛收获：

　　我有一对优秀的儿女，平时在香港与深圳居住。衣食无忧的生活让我无须考虑太多人生拼搏奋斗之事，每天的生活也不过是今天重复着昨天。也许正是这样日复一日的生活逐步磨灭了我的生活激情，让我感到空虚和迷茫，我意识到是寻求改变的时候了，我需要更加广阔的世界，因此带着一份憧憬我走上了传奇夫人的舞台。

　　我的改变是巨大的，因为我认识了很多优秀却又如此努力的姐妹，从她们身上我看到了自身很多的不足，更是提升了自己的生活信心，让我有能力、有魅力去经营好自己的家庭和生活，更是为我打开了一个全新的广阔的世界。

　　没错，我已经站在了传奇夫人这个"巨人"的肩膀上，通过她的引领，我要通过自己的一言一行，传递正能量，做更多有意义的事情，也希望未来有一天能让世界看到中国女性更优雅、优秀的一面。

32 翟瑞和

个人简介：

荣誉： 2017世界传奇夫人大赛深圳赛区
季军

2017世界传奇夫人中国总决赛民
选季军

任职： 源和茶社董事长 发起人

春风古琴社社员

深圳南山区大红门模特队团员

经历： 20世纪80年代高中毕业独自闯荡
深圳，并通过自己的努力把兄弟姐
妹都带到特区发展，改变了家族命
运；拥有一个美满幸福的家庭，并
培育了一个非常优秀的儿子。

参赛收获：

"一个好媳妇，代代好儿孙。"母亲的一句话影响了我一生。于是，我甘愿站在先
生的背后默默地支持他的事业，我甘愿回归家庭，做一个好妻子、好母亲，同时经常
去福利院看望那些孤儿，并轮流抚养多个孤儿，尽自己最大的可能为这个社会做些力
所能及的事。

只是我没想到，在我有生之年，还能站上舞台实现任何女性都有的魅力梦、舞台
梦和传奇梦，传奇夫人将我从幕后推向了台前，让我的家人都看到了我的存在和付
出，更是让我对母亲曾经的那句话有了更为深刻的认识：我们比自己想象得更有力
量，"好"也不是意味着一味地牺牲，而是充满魅力地绽放，积极地影响家人和社会。

33 赵雅文

个人简介：

荣誉： 2015世界传奇夫人大赛香港总冠军
2016世界传奇夫人大赛总决赛最具榜样夫人奖
2017世界传奇夫人大赛幸福大使

任职： 2016年特聘为经贸交流会精英代表
2017年1月被授权担任国际名媛商学院院长
2017年9月被授权担任格局商学院白云分院会长

经历： 17岁参加工作，一直投身美容事业；29岁觉醒之后领悟到婚姻的真谛：欣赏、包容、给予和自我内在的修养、坚强，并因此挽回了一段濒临破裂的婚姻；现在，拥有了一个幸福的家庭，并积极地将家庭幸福美满的技巧和正能量分享、传递给身边的人。

参赛收获：

拥有三个孩子的我，17岁创办了化妆品公司，历经十几年的发展，让我在事业上取得了一定成就，也创立了自己的化妆品品牌，同时得到了众多女性朋友的认可。现在又创办了樱桃乐享平台，为更多人搭建了一个创业的机会。

然而，事业有一定成就的我曾经因不懂爱的真谛，差点亲手毁了自己的一段婚姻，后来经历了很多事情才逐渐明白婚姻和爱的真谛。现在我家庭幸福，也变得越来越坚强，我非常乐意在舞台上分享我的婚姻故事，希望能够给更多的女性朋友带来启发，让她们过上更幸福的婚姻生活。

遇到传奇夫人大赛，我非常惊喜传奇夫人平台与我的初心是一致的，带着这份爱与使命，我站上了更大的舞台成为榜样，得以让我的故事与经历去影响和帮助更多的人，同时，也更坚定了我的传递幸福的责任感和使命，我将继续在舞台上和生活中把幸福传递下去，让天下更多的女性绽放，让她们觉醒幸福的真谛，让家庭、社会因为她们更加和谐快乐。

34 钟佳融

个人简介：

荣耀： 2015世界传奇夫人大赛深圳赛区季军

2015世界传奇夫人大赛北京鸟巢最佳微笑夫人

2016世界传奇夫人大赛梅州赛区执行主席

任职： 深圳市德众赢服饰有限公司董事长

MT.美特华菲快时尚男装品牌创始人

好女孩大学副校长

深圳宝安女企业家协会副会长

深圳资源促进会常务会长

樊登读书会行业会长

经历： 明一梦导师主讲的《魅力演说家》冠军；金牌教练；2012年创办深圳市德众赢服饰有限公司。

参赛收获：

　　参加传奇夫人是我人生当中一个明智的选择，让我从内到外真正地蜕变，实现一个女人的美丽梦、舞台梦、健康梦、事业梦、家族梦！让自己无论到哪里都成了一道亮丽的风景线！更加珍惜自己的生命，享受自己的生活。

　　女人有三件事不能停！第一不能停止学习，第二不能停止美丽，第三不能停止事业。学习能提升气质，美丽能带来自信，事业能受到尊重，所以年龄不是借口，无论在哪个年龄段，都要对自己有要求。每天必须美美地出门，像女汉子一样工作，如女神般的生活……

35 蒋易霖（蒋鳞）

个人简介：

荣耀：2015世界传奇夫人大赛最佳才艺
　　　夫人奖
　　　2016世界传奇夫人大赛昆明赛区
　　　执行主席
　　　2017世界传奇夫人大赛昆明赛区
　　　执行主席

任职：云南五福文化传播有限公司董事长
　　　云南果登杯餐饮管理有限公司董
　　　事长

经历：2015年前优秀高中英语教师；
　　　2015年参加传奇夫人大赛荣获最
　　　佳才艺夫人；2016年在云南创
　　　办云南五福文化传播有限公司；
　　　2016年在云南昆明举办传奇夫人
　　　大赛；2017年在云南昆明举办传
　　　奇夫人大赛。

参赛收获：

　　我曾是一名高中英语老师，在学校也得到了众师生的一致认可。但一个人的财富来源于自己一生的经历，人生需要持续学习与成长，才能让自己变得更优秀、更幸福。于是带着这样一份认知，我参加了传奇夫人大赛，站上了舞台，通过这样的一份历练，绽放了自己、绽放了人生。

　　是的，Mrs.Legend 世界传奇夫人大赛通过舞台让我成长与蜕变，但是她的影响却是深入我的内心和灵魂，我不仅内心变得更加强大，更是不自觉地开始担负起一份社会责任感，让身为心灵咨询师、家庭咨询师的我一方面通过自己的专业和努力帮助夫人们成长与蜕变，给更多家庭带来幸福，让社会更加和谐；另一方面，通过自己事业的力量，经营好自己的五福文化传播有限公司与果登杯餐饮管理有限公司，带领更多的人、更多的家庭过上幸福健康的生活！

36 苗菊兰

个人简介：

荣耀：2016世界传奇夫人大赛中国总决
　　　赛台湾季军
　　　2017世界传奇夫人大赛昆明赛区
　　　副主席

任职：云南竟成管业制造有限公司董事长
　　　昆明方鹏商贸有限公司总经理
　　　云南省小微协会常务副会长

经历：1995年自己创办方鹏公司，用心
　　　经营至今。

参赛收获：

　　我生于农村家庭，10岁丧母，18岁来到昆明闯荡，从小生意慢慢做到今天的昆明方鹏商贸有限公司总经理，从事钢铁事业，并因此获得了"钢铁玫瑰"的称号。期间吃过很多苦，这些苦难虽然历练了我、丰富了我的内心，但是由于母爱的缺失，由于行业接触的都是做工程的人，我个人缺少一份女性的柔美，不过是一个"女汉子"，更谈不上什么文化修养和素养，因此常常很怯场，从来不敢上台演讲。

　　机缘巧合下，我参加了传奇夫人大赛，参加后，我蜕变得特别明显，通过舞台形态训练、口才培训等增添了女性的柔美，脱下了"女汉子"的外衣，口才也好了很多，不管是面对公司的员工还是其他人也不再怯场，这才真正感觉到身为一个女人的美好。感谢传奇夫人这个平台，希望她能够帮助越来越多的像我一样的姐妹。

37 卢思吟

个人简介：

荣耀：2016年世界传奇夫人大赛中国民
　　　选总冠军
　　　2016年世界传奇夫人大赛深圳赛
　　　区副主席
　　　2017年世界传奇夫人大赛爱心
　　　大使
任职：深圳市幸运五七高尔夫文化发展
　　　实业有限公司董事长
　　　安德鲁史密斯国际高尔夫学院创
　　　始人

参赛收获：

　　求学时期勤工俭学，深知学习机会来之不易。一路走来，因为缘分跟一位优秀的英国籍男人相识相知并结为夫妻，尽心尽力地经营着这段跨国婚姻以及庞大的跨国家族，这不是简单的事，但我做到了。"5·12"汶川地震后我亲临现场，为灾区的同胞献出了自己的一份力量以及一份爱国之心，感慨万分！参加传奇夫人是自我成长绽放留下人生美好回忆的一份体验，在这个过程中收获了朋友的温暖、姐妹的真诚、家庭的幸福。通过大赛我认识到了自己在家族中的重要性，加深了自己作为女性的社会责任感和使命感。女人是世界的根源，家庭的根基，民族的希望，世界的源头……

38 吴永珍

个人简介：

荣耀： 世界传奇夫人中国总决赛最具爱
心传奇夫人
世界传奇夫人深圳赛区最具影响
力传奇夫人

任职： 深圳英琪生科技有限公司董事长
蓝玫瑰宫颈癌防治工程创始人
印度SPA.整脊正骨专家
中国好声音形象设计师
人力资源部康复理疗师
全国女性生殖健康防治中心副主任
高级培训讲师

经历： 数十年如一日，自女性健康中国
行开展以来，周转在全国各地，
政府机构、妇联、学校、保险行
业、美容行业，女性健康中国行
公益巡回讲座在国内已超过2600
场，受益女性超过200万人次，
让许多女性意识到生殖健康的重
要性。

参赛收获：

　　我是一名医生，也是一名讲师，还是一位企业家，以关注女性健康为基点，我创
办了女性私密产品，并进行了上千场全国巡回传播女性健康与人生幸福的公益演讲，
帮助众多女性脱离妇科疾病，走向健康幸福的人生。

　　2015年，我参加了世界传奇夫人大赛，让原本乐于分享的自己，通过赛前全方
位的训练再次使自己的魅力、形象、演讲水平、格局提升，也更加坚定了自己的社会
使命感，更加确信自己从事的这份事业可以造福人类。因此，我积极传播传奇夫人大
赛的理念，出席各大城市分赛区和接受媒体采访。未来，我将结合传奇夫人让天下女
性觉醒、幸福的使命，去传播女性健康理念，让更多的女性过上幸福美满的人生，活
出属于自己的精彩，让世界看到中国女性的伟大。

39 杨燕

个人简介：

荣耀：2016年世界传奇夫人大赛中国亚军

第八期"魅力演说"冠军

2017世界传奇夫人全球幸福大使

任职：鼎益丰集团股东

传奇夫人大赛导师

经历：出生湖南，到深圳近10年，曾经7年在央企华润集团及国资委农产品国有企业任职，2013年至今自主投资，现投资近500万元，担任鼎益丰集团股东。

参赛收获：

我出生湖南，从小接受中国传统文化熏陶，有一个非常幸福的家庭。在人生正处于低谷时偶遇独具才华与格局的刘辉先生，我们患难与共，携手相依，半年后，不仅自己收获了物质与精神富足的美好生活，而且支持家族的众多亲人走向致富的道路。

在2016Mrs.Legend世界传奇夫人大赛新闻发布会上，明一梦主席的演讲深深地震撼了我，我也非常认同传奇夫人的愿景、使命和价值观。于是，当场决定我要参赛，并永远与传奇夫人同行。于是，在我的孩子只有半岁的时候，我毅然走上了传奇夫人的舞台，非常荣幸晋级到中国总决赛并获得全国亚军。回忆起当初四代同台站在传奇夫人的舞台上呈现亲情时，我觉得我是全世界最幸福的女人，我们是全世界最幸福的家族。

通过传奇夫人我不仅实现了自身的升华蜕变，先生的事业也越来越好，孩子越来越优秀，并每年投入100多万元用于慈善捐助，不断地展现自身价值，收获人生的圆满，我非常感谢传奇夫人和明主席。现在身为明一梦主席的弟子，我希望能够与传奇夫人大赛以及明主席一起帮助更多的女性，使她们家庭幸福，人生圆满。

40 张湘红

个人简介：

荣誉：2016年度世界传奇夫人梅州分赛
　　　亚军
　　　2016年度世界传奇夫人中国总决
　　　赛最具文化气质夫人
　　　2016年度世界传奇夫人爱心大使

任职：广州樱桃网络科技有限公司　众创
　　　导师

经历：1990年大学毕业后在一家大型国
　　　企工作27年，2018年1月5日转
　　　型加入广州樱桃网络科技有限公
　　　司，担任众创导师。

参赛收获：

　　因为传奇夫人不是选美大赛，没有身高、年龄、职业的要求，所以只要您拥有梦想，敢于提升自我，愿意奉献爱心，均可报名参赛。我参加传奇夫人的活动，就是为了让自己在舞台上能绽放一次、精彩一回。我参加了汉服、旗袍、礼服等服装展示，个人一分钟演说等环节，让自己的人生路上有了值得回忆的美好瞬间。在网络投票环节，每一票都是大家发自内心主动给予我的肯定，对他们给予的这份支持和理解，我一直深怀感恩。在自己参加比赛之后，又感召了我的母亲参加2017年的世界传奇夫人比赛，多才多艺的妈妈获得了惠州分赛的民选冠军，我们成为梅州的传奇母女，为此我感到非常自豪。